中等职业教育国家规划教材

化工单元过程及操作例题与习题

朱强 编

化学工业出版社

·北京·

图书在版编目（CIP）数据

化工单元过程及操作例题与习题/朱强编．—北京：
化学工业出版社，2005.5（2025.3重印）
中等职业教育国家规划教材
ISBN 978-7-5025-6456-8

Ⅰ．化… Ⅱ．朱… Ⅲ．化工单元操作-专业学校-
习题 Ⅳ．TQ02-44

中国版本图书馆 CIP 数据核字（2005）第 031131 号

责任编辑：陈有华 刘心怡　　　　　　文字编辑：杨欣欣
责任校对：陶燕华　　　　　　　　　　装帧设计：潘　峰

出版发行：化学工业出版社（北京市东城区青年湖南街 13 号　邮政编码 100011）
印　　装：北京云浩印刷有限责任公司
787mm×1092mm　1/16　印张 13¾　字数 339 千字　2025 年 3 月北京第 1 版第 16 次印刷

购书咨询：010-64518888　　　　　　　　售后服务：010-64518899
网　　址：http://www.cip.com.cn
凡购买本书，如有缺损质量问题，本社销售中心负责调换。

定　价：32.00 元　　　　　　　　　　　　　　　　　版权所有　违者必究

前　　言

为使学生掌握常见化工单元操作过程的基本规律，熟悉其操作原理及有关典型设备的构造、性能和基本计算方法等，并用以分析和解决工程技术的一般问题，除了要有好的教材外，还需要有与之相配套的练习题。目前中等职业教育的各种《化工原理》（或《化工单元过程及操作》）教材，每章所列习题均只有计算题一种类型，这显然是不够的；特别结合当前中职学生的情况，编写包括多种题型的练习题更为必要。编者比较了几种教材，由冷士良主编的中等职业教育国家规划教材《化工单元过程及操作》较为适合当前中职生源的实际，所以根据该教材，结合多年的教学经验编写了这本《化工单元过程及操作例题与习题》，可作为中等职业学校化工类及相关专业辅助教材，也可供使用化工原理其他版本教材时参考。

本书章节分明，条理清楚。每一节前概括了本节的知识要点，为解题作必要的知识准备；例题解析，使学生明确解题思路、规范，提高解题的技能、技巧；习题分节编写，每章有综合练习题，全书有自测题，题型包括填空、选择、判断、计算四类。

例题和习题紧扣教材，系统性、针对性强；覆盖面广，重点突出，主次分明，力求全面体现教学目标；结合学生实际，深入浅出，特别在编写计算题时，由易到难，循序渐进，注意相互铺垫作用；尽量考虑题目的典型性和代表性，使学生在运用知识的同时增进理解，提高能力。

在本书的编写过程中，除配套教材外，还参照了张弓主编和王振中编的《化工原理》等教材，从中选取了部分例题和习题（均为计算题）；部分书稿请冷士良审阅，在此一并表示感谢。

本学科内容十分广泛，由于编者水平有限及时间仓促，不妥甚至错误之处在所难免，恳请读者和同仁们批评指正。

编　者
2005 年 1 月

目 录

绪论 ··· 1

第一章 流体输送 ·· 3
第一节 概述 ·· 3
第二节 流体的物理性质 ·· 3
第三节 流体流动基本知识 ··· 9
第四节 化工管路 ·· 22
第五节 流体输送设备 ·· 25
第六节 流量测量 ·· 34
综合练习题 ··· 35

第二章 非均相物系的分离 ·· 39
第一节 概述 ·· 39
第二节 沉降 ·· 40
第三节 过滤 ·· 46
第四节 气体的其他净制方法与非均相物系分离方法的选择 ······················· 50
综合练习题 ··· 50

第三章 传热 ·· 54
第一节 概述 ·· 54
第二节 传热的基本方式 ·· 55
第三节 间壁传热 ·· 64
第四节 换热器 ··· 78
综合练习题 ··· 85

第四章 液体蒸馏 ·· 88
第一节 概述 ·· 88
第二节 精馏塔的物料衡算 ··· 89
第三节 塔板数的确定 ·· 96
第四节 连续精馏的操作分析 ·· 100
第五节 精馏过程的热量平衡与节能 ·· 108
第六节 其他蒸馏方式 ·· 112
第七节 精馏设备 ·· 113
第八节 精馏塔的操作 ·· 115
综合练习题 ··· 116

第五章 气体吸收 ·· 120
第一节 概述 ·· 120
第二节 从溶解相平衡看吸收操作 ·· 121
第三节 吸收速率 ·· 125

第四节　吸收的物料衡算 ………………………………………………………… 129
　　第五节　填料层高度的确定 ………………………………………………………… 134
　　第六节　吸收操作分析 ……………………………………………………………… 136
　　第七节　其他吸收与解吸 …………………………………………………………… 137
　　第八节　吸收设备 …………………………………………………………………… 139
　　综合练习题 …………………………………………………………………………… 140

第六章　固体干燥 …………………………………………………………………………… 144
　　第一节　概述 ………………………………………………………………………… 144
　　第二节　湿空气的性质 ……………………………………………………………… 145
　　第三节　湿物料中水分的性质 ……………………………………………………… 151
　　第四节　干燥过程的物料衡算 ……………………………………………………… 152
　　第五节　干燥速率 …………………………………………………………………… 155
　　第六节　干燥设备 …………………………………………………………………… 157
　　综合练习题 …………………………………………………………………………… 158

第七章　蒸发 ………………………………………………………………………………… 162
　　第一节　概述 ………………………………………………………………………… 162
　　第二节　多效蒸发 …………………………………………………………………… 165
　　第三节　蒸发设备 …………………………………………………………………… 166
　　综合练习题 …………………………………………………………………………… 167

第八章　结晶 ………………………………………………………………………………… 170
　　第一节　概述 ………………………………………………………………………… 170
　　第二节　结晶方法 …………………………………………………………………… 174
　　第三节　结晶设备与操作 …………………………………………………………… 175
　　综合练习题 …………………………………………………………………………… 176

第九章　液-液萃取 …………………………………………………………………………… 178
　　第一节　概述 ………………………………………………………………………… 178
　　第二节　部分互溶物系的相平衡 …………………………………………………… 179
　　第三节　萃取设备 …………………………………………………………………… 186
　　综合练习题 …………………………………………………………………………… 187

第十章　制冷 ………………………………………………………………………………… 190
　　第一节　概述 ………………………………………………………………………… 190
　　第二节　制冷基本原理 ……………………………………………………………… 190
　　第三节　制冷能力 …………………………………………………………………… 193
　　第四节　制冷剂与载冷体 …………………………………………………………… 194
　　第五节　压缩蒸气制冷设备 ………………………………………………………… 195
　　综合练习题 …………………………………………………………………………… 196

自测题（A卷） ……………………………………………………………………………… 198
自测题（B卷） ……………………………………………………………………………… 202
部分习题答案 ………………………………………………………………………………… 206

绪　论

知　识　要　点

一、化工生产过程

1. 化学工业

是指以工业规模对原料进行加工处理，使其发生物理和化学变化而成为生产资料或生活资料的加工业。

2. 化工生产过程

(1) 概念　是指化工产品的具体加工过程。

(2) 最明显的特征或核心　化学变化。

(3) 构成　是若干个物理过程（化学反应过程的前、后预处理）与若干个化学反应过程的组合。

二、化工单元操作

(1) 概念　包含在不同化工产品生产过程中，发生同样的物理变化，遵循共同的规律，使用相似设备，具有相同作用的基本物理操作，称为单元操作。

(2) 化工常用单元操作　流体流动与输送、传热、蒸发、结晶、蒸馏、气体吸收、萃取、干燥、沉降、过滤、离心分离、静电除尘、湿法除尘等。

三、本课程的研究对象、性质、任务与内容

(1) 研究对象　主要研究化工单元操作过程规律及其在化工生产中的应用。

(2) 性质　技术性、工程性及应用性都很强。

(3) 任务　使学生获得常见化工单元操作过程及设备的基础知识、初步计算能力和基本操作技能，得到解决常见操作问题的训练，初步树立良好的意识，了解新型单元操作在化工生产中的应用。

(4) 主要内容　常见化工单元操作，也涉及一些应用相对较少的及新型的单元操作。

四、单位的正确使用

1. 正确使用单位是正确表达物理量的前提

应自觉选用国际单位制（SI 制）单位及我国颁发的以 SI 制为基础的法定计量单位。

2. 单位换算

(1) 必要性　由于数据来源不同，常出现单位不统一或不一定符合公式需要的情况。

(2) 本课程涉及两种公式对采用单位的要求

① 物理量方程：只要统一采用同一单位制下的单位就可以了。

② 经验公式：物理量的单位均为指定单位。

(3) 换算方法　换算时，只要用原来的量乘上换算因子（即两个相等量的比值），就可以得到期望的单位。

习 题

一、填空题

1. 化学工业是指以_____规模对_____进行加工处理，使其发生_____和_____变化而成为生产资料或生活资料的加工业。
2. 化工生产过程是指化学工业的_____的生产过程，是若干个_____与若干个_____的组合。
3. 物理量的正确表达应该是_____与_____统一的结果。
4. 单位换算是通过换算因子来实现的，换算因子就是两个_____的比值，如当需把 mm 换算成 m 时，换算因子为_____。

二、选择题

1. 有关单元操作的叙述错误的是（　　）。
   A. 是基本物理操作　　　　　B. 是《化工单元过程及操作》课程的研究对象
   C. 是化工生产过程的核心　　D. 用于不同的化工生产过程中其基本原理和作用相同
2. 下列说法正确的是（　　）。
   A. 利用公式进行计算时，各物理量只要采用同一单位制的基本单位就可以了
   B. 我国颁发的法定计量单位即国际单位制的单位
   C. 只要用原来的量乘上换算因子，就可以换算成期望的单位
   D. 以上说法均正确

三、计算题

1. $7kgf/m^2$ 等于多少 Pa？

2. 求 273K、101.325kPa 下，200L 氧气的质量。

第一章 流体输送

第一节 概 述

知识要点

一、流体的主要特点

(1) 流体的共同特点 易于变形;具有流动性;没有固定形状;存在相对运动的趋势或发生相对运动时,会产生与之对抗的摩擦力。

(2) 气体与液体的不同之处 可压缩性及由此带来的其他不同。

二、常见流体的输送方式

高位槽送料、真空抽料、压缩空气送料、流体输送机械送料的方式,优缺点及适用场合。

习 题

一、填空题

1. _____和_____都具有流动性,通常总称为流体。

2. 常见流体输送方式有_____送料、_____抽料、_____送料和_____送料等,化工生产中最常见的流体输送方法是_____送料。

3. 我们必须认识流体输送中以下几方面的问题:(1) 流体的_____;(2) 流体流动的_____;(3) 流体流动的_____;(4) 流体_____;(5) 化工_____;(6) 输送_____。

二、选择题

气体和液体的不同之处在于两者的( )。

A. 易变形性　　　　　B. 可流动性
C. 有无固定形状　　　D. 可压缩性

第二节 流体的物理性质

知识要点

一、密度与相对密度

1. 密度

(1) 概念 是指单位体积的流体所具有的质量,用符号 ρ 表示,SI 制中的单位是 kg/m^3。

(2) 定义式

$$\rho = \frac{m}{V} \tag{1-1}$$

（3）影响因素

① 压力：对液体密度影响很小，故称液体是不可压缩的流体；对气体有明显影响，称气体为可压缩流体。

② 温度：对大多数液体而言，温度升高，其密度下降；对气体亦如此。

（4）获得方法

① 液体：纯净物的密度从手册查；混合物密度的计算式

$$\frac{1}{\rho} = \frac{w_1}{\rho_1} + \frac{w_2}{\rho_2} + \cdots + \frac{w_n}{\rho_n} = \sum_{i=1}^{i=n} \frac{w_i}{\rho_i} \tag{1-2}$$

② 气体

a. 也可从手册查取。

b. 若压力不太高，温度不太低，可视作理想气体，由理想气体状态方程变换可得

$$\rho = \frac{pM}{RT} \tag{1-3}$$

或

$$\rho = \rho^{\ominus} \frac{pT^{\ominus}}{p^{\ominus}T} \tag{1-3a}$$

在标准状态下有

$$\rho^{\ominus} = \frac{M}{22.4} \tag{1-3b}$$

c. 混合气体的计算式

$$M_m = M_1\varphi_1 + M_2\varphi_2 + \cdots + M_n\varphi_n = \sum_{i=1}^{i=n} M_i\varphi_i \tag{1-4}$$

或

$$\rho = \rho_1\varphi_1 + \rho_2\varphi_2 + \cdots + \rho_n\varphi_n = \sum_{i=1}^{i=n} \rho_i\varphi_i \tag{1-5}$$

2. 相对密度

（1）概念　是一种流体的密度相对于另一种标准流体密度的大小。对液体来说，常选277K 的纯水（$\rho_W = 1000 kg/m^3$）作为标准液体。

（2）定义式

$$d = \frac{\rho}{\rho_W} = \frac{\rho}{1000} \tag{1-6}$$

或

$$\rho = 1000d \tag{1-6a}$$

二、压力

1. 流体压力

（1）概念　流体垂直作用在单位面积上的压力（压应力），称流体的压力强度，简称压强，也称静压强，工程上常常称为压力。用符号 p 表示，SI 制中的单位是 Pa。

在静止流体中，任一点的压力方向都与作用面垂直，并在各个方向上都具有相同的数值。

（2）定义式

$$p = \frac{F}{A} \tag{1-7}$$

2. 绝对压力、表压和真空度
(1) 概念
① 绝对压力：真实压力（比绝对真空高出的压力）。
② 表压：真实压力比大气压高出的数值。压力表的读数。
③ 真空度：真实压力低于大气压的数值。真空表的读数。
(2) 表示方法　p，p（表压），p（真空度）。
(3) 相互关系

$$表压=绝对压力-大气压$$
$$真空度=大气压-绝对压力$$

3. 流体各种压力单位及其相互换算关系

$$1atm=101.3kPa=1.033at=760mmHg=10.33mH_2O$$
$$1at=1kgf/cm^2=98.07kPa=735.6mmHg=10mH_2O$$

三、黏度

1. 黏性概念
由于流体分子间的吸引力的存在使流体质点发生相对运动时，会遇到来自自身阻力的属性。
2. 黏度
(1) 概念　衡量流体黏性大小的物理量，用 μ 表示，在 SI 制中的单位是 Pa·s。
(2) 各单位之间的关系

$$1Pa·s=10P=1000cP$$

(3) 影响因素
① 流体种类：气体黏度比液体小。
② 温度：液体黏度随温度的升高而减少；气体黏度随温度升高而增加。
③ 压力：对液体影响很小，可忽略；除非压力很高，对气体的影响也可忽略不计。
3. 运动黏度　表示符号 ν，SI 制中的单位是 m^2/s；与动力黏度 μ、密度 ρ 的关系

$$\nu=\frac{\mu}{\rho} \tag{1-8}$$

例 题 解 析

【例 1-1】 假如苯和甲苯在混合时没有体积效应，求在 20℃时，600g 苯和 200g 甲苯混合后的混合物的密度。

分析　液体混合物的密度可用两种方法求解：第一种方法是先求出质量分数 w_1 和 w_2，再从附录三（指原教材附录，全书同）查出 20℃时苯和甲苯的密度 ρ_1 和 ρ_2，然后代入公式 $\frac{1}{\rho_{混}}=\frac{w_1}{\rho_1}+\frac{w_2}{\rho_2}$ 进行计算；第二种方法是查出 20℃时苯和甲苯的密度 ρ_1 和 ρ_2，利用公式 $V=\frac{m}{\rho}$，求出 V_1 和 V_2，再求出 $m_{混}$ 和 $V_{混}$，然后利用公式 $\rho=\frac{m}{V}$，求出 $\rho_{混}$。

解一　设苯为组分 1，甲苯为组分 2。
已知　$m_1=600g$，$m_2=200g$，则

$$w_1=\frac{m_1}{m_1+m_2}=\frac{600}{600+200}=0.75$$
$$w_2=1-w_1=1-0.75=0.25$$

查附录三得 20℃时，$\rho_1=879\text{kg/m}^3$，$\rho_2=867\text{kg/m}^3$；所以

$$\frac{1}{\rho}=\frac{w_1}{\rho_1}+\frac{w_2}{\rho_2}=\frac{0.75}{879}+\frac{0.25}{867}=0.001142$$

$$\rho=\frac{1}{0.001142}=876\text{kg/m}^3$$

解二 设苯为组分 1，甲苯为组分 2。

已知 $m_1=600\text{g}=0.6\text{kg}$，$m_2=200\text{g}=0.2\text{kg}$；查附录三得 20℃时，$\rho_1=879\text{kg/m}^3$，$\rho_2=867\text{kg/m}^3$；则

$$V_1=\frac{m_1}{\rho_1}=\frac{0.6}{879}=0.0006826\text{m}^3$$

$$V_2=\frac{m_2}{\rho_2}=\frac{0.2}{867}=0.0002307\text{m}^3$$

$$\rho_{混}=\frac{m_{混}}{V_{混}}=\frac{m_1+m_2}{V_1+V_2}=\frac{0.6+0.2}{0.0006826+0.0002307}=876\text{kg/m}^3$$

【例 1-2】 若空气的组成可近似看做氧气的体积分数为 0.21 和氮气的体积分数为 0.79，试求 100kPa 和 300K 时空气的密度。

分析 求气体混合物的密度可用两种方法：一种方法是先用公式 $\rho=\frac{pM}{RT}$ 分别求出氧气和氮气密度，再用公式 $\rho=\rho_1\varphi_1+\rho_2\varphi_2$ 求出空气的密度；另一种方法是先用公式 $M_\text{m}=M_1\varphi_1+M_2\varphi_2$ 求出空气的平均摩尔质量，再用公式 $\rho=\frac{pM_\text{m}}{RT}$ 求出空气的密度。

解本题时有两个问题值得注意：一是通用气体常数 R 只有在 SI 制中才等于 8.314kJ/(kmol·K)；二是气体密度的近似计算式 $\rho=\frac{pM}{RT}$ 是由理想气体状态方程变换而来，而理想气体状态方程是根据实验整理出来的经验公式，这类公式中物理量的单位均为指定的单位，所得结果属于什么单位也是指定的。其中 p 和 M 的单位分别是 kPa 和 kg/kmol，如果将 kPa 换成 Pa 后代入计算就出错了。

解一 设空气中氧气为组分 1，氮气为组分 2。

已知 $M_1=32\text{kg/kmol}$，$M_2=28\text{kg/kmol}$；$p=100\text{kPa}$；$T=300\text{K}$；$R=8.314\text{kJ/}$(kmol·K)；$\varphi_1=0.21$；$\varphi_2=0.79$。则

$$\rho_1=\frac{pM_1}{RT}=\frac{100\times32}{8.314\times300}=1.283\text{kg/m}^3$$

$$\rho_2=\frac{pM_2}{RT}=\frac{100\times28}{8.314\times300}=1.123\text{kg/m}^3$$

$$\rho=\rho_1\varphi_1+\rho_2\varphi_2=1.283\times0.21+1.123\times0.79=1.16\text{kg/m}^3$$

解二 设空气中氧气为组分 1，氮气为组分 2。

已知 $M_1=32\text{kg/kmol}$，$M_2=28\text{kg/kmol}$；$\varphi_1=0.21$，$\varphi_2=0.79$；$p=100\text{kPa}$；$T=300\text{K}$；$R=8.314\text{kJ/(kmol·K)}$；则

$$M_\text{m}=M_1\varphi_1+M_2\varphi_2=32\times0.21+28\times0.79=28.84\text{kg/kmol}$$

$$\rho=\frac{pM_\text{m}}{RT}=\frac{100\times28.84}{8.314\times300}=1.16\text{kg/m}^3$$

【例 1-3】 当地大气压为 100kPa 时，若某设备上的真空表读数为 20mmHg，则该设备

中的（　　）。

A. 表压为 20mmHg　　　　B. 绝压为 740mmHg

C. 绝压为 10.06mH$_2$O　　D. 绝压为 97.33kPa

分析　本题涉及三方面的知识：一是真空度的概念；二是真空度、表压、绝对压力之间的关系；三是不同压力单位之间的换算关系。

表压反映的真实压力比大气压力高，真空度反映的真实压力比大气压力低，应否定 A 选项。真空度和绝对压力的关系"绝对压力＝大气压力－真空度"中的大气压是指当地的大气压，在本题中应选 100kPa，而选项 B 是根据 1atm 计算所得，也应以否定。至于 C、D 选项的选择，应通过计算求得。计算中涉及不同压力单位之间的换算方法有多种，有的方法其换算因子的数据不易记忆。建议记住下列换算关系

$$1atm = 101.3kPa = 1.033at(kgf/cm^2) = 760mmHg = 10.33mH_2O$$

进行换算时，先将已知单位的压力数换算成标准大气压（atm）值后再换算成所求单位的压力数值。如关于选项 C 的计算为

$$绝压 = \frac{100 - \frac{20}{760} \times 101.3}{101.3} \times 10.33 = 9.93 mH_2O;$$

关于选项 D 的计算为

$$绝压 = 100 - \frac{20}{760} \times 101.3 = 97.33 kPa。$$

答　D。

习　题

一、填空题

1. 流体的密度是指单位_____的流体所具有的_____，用符号_____表示，在国际单位制中的单位是_____。

2. 相对密度是一种流体的密度相对于另一种_____流体的密度的大小，是一个_____的量。对液体来说，常选_____K 的_____作为_____。

3. 流体_____作用在单位面积上的压力，称为流体的压力强度，简称压强，也称_____，工程上常常称为_____。

4. 在静止流体中，任一点的压力方向都与作用面相_____，并在各个方向上都具有_____的数值。

5. 生产中传统的测压仪表主要有两种，一种叫_____表，其读数叫表压；一种叫_____表，其读数叫真空度。

6. 某设备进出口测压仪表中的读数分别为 45mmHg（真空度）和 600mmHg（表压），则两处的压力差为_____mmHg。

7. 流体质点发生相对运动时，会遇到来自_____的阻力，流体的这种属性称之为黏性。衡量流体黏性大小的_____称为_____黏度或_____黏度，简称黏度，用符号_____表示，在 SI 制中，其单位是_____。

8. 运动黏度是流体的_____和_____的比值，在 SI 制中，其单位是_____。

二、选择题

1. 下列说法正确的是（　　）。

A. 液体是不可压缩的,故称之为不可压缩流体

B. 除实测外,流体的密度数据只能从有关手册中查取

C. 液体的相对密度是该液体与相同状况下纯水密度的比值

D. 对气体和大多数液体而言,温度升高其密度下降

2. 真空度与绝对压力的关系（　　）。

A. 真空度越高,绝对压力也越高

B. 真空度相同,绝对压力也相同

C. 绝对压力低于大气压时,测压仪表上的读数为真空度

D. 真空度为零时,绝对压力为1atm

3. 当地大气压为1atm,若某生产设备上真空表读数为10mmHg时（　　）。

A. 表压为 10^2 kPa
B. 表压为 750mmHg

C. 绝压为 10mmHg
D. 绝压为 $10.2mH_2O$

4. 关于黏性和黏度的叙述错误的是（　　）。

A. 静止的流体和流动的流体都具有黏性

B. 黏度是衡量流体黏性大小的物理量

C. 流体的黏度随温度的升高而减小

D. 压力改变对液体的黏度影响很小,可以忽略,不很高的压力对气体黏度的影响也可忽略

三、计算题

1. 某种贮槽的有效容积为 $5m^3$,293K 时能贮存 95% 的乙醇多少千克？

2. 在苯和甲苯的混合液中,苯的质量分数为 0.4,求混合液在 293K 时的密度。

3. 计算空气在 0.5MPa（表压）和 298K 下的密度。已知当地大气压强为 100kPa。

4. 某气柜内的混合气体的表压力是 0.075MPa,温度为 295K,若混合气体的组成为:

气体种类	H_2	N_2	CO	CO_2	CH_4
体积分数	0.40	0.20	0.32	0.07	0.01

试计算混合气体的密度。已知当地大气压为100kPa。

5. 某真空蒸馏塔在大气压力为100kPa的地区工作时，塔顶真空表的读数为90kPa。问当塔在大气压力为86kPa的地区工作时，如塔顶的绝对压力仍要维持在原来的水平，则真空表的读数变为多少？

6. 根据车间测定的数据：p_1（真空度）=540mmHg，p_2（表压）=4kgf/cm²，当地大气压为10mH₂O。(1) 求设备两点处的绝对压力，以Pa表示；(2) 求设备两点处的压力差。

第三节 流体流动基本知识

知识要点

一、流量方程式

1. 流量

(1) 质量流量 流体在流动时，每单位时间内通过管道任一截面的质量，用 q_m 表示。

(2) 体积流量 流体在流动时，每单位时间内通过管道任一截面的体积，用 q_V 表示。

(3) 质量流量与体积流量的关系

$$q_m = \rho q_V \tag{1-9}$$

2. 流速

(1) 概念 单位时间内，流体在流动方向上经过的距离。通常指整个流通截面上的平均值，用 u 表示，单位是 m/s。

(2) 计算公式（与体积流量的关系）

$$u = \frac{q_V}{A} \tag{1-10}$$

$$A = \frac{\pi d^2}{4} \tag{1-11}$$

3. 流量方程式

(1) 概念　描述流体流量、流速和流通截面积三者之间关系的式子。
(2) 应用　主要用来指导选择管子规格和确定塔设备的直径。
(3) 方程式

$$d=\sqrt{\frac{4q_V}{\pi u}} \tag{1-12}$$

二、稳定流动与不稳定流动（根据流动参数变化情况分）

(1) 稳定流动　流动参数只与空间位置有关，而与时间无关的流动。
(2) 不稳定流动　流动参数既与空间位置有关又与时间有关的流动。

三、稳定流动系统的物料衡算——连续性方程

(1) 衡算根据　质量守恒定律。
(2) 连续性方程

$$q_{m1}=q_{m2}=\cdots=q_{mn} \tag{1-13}$$

或

$$u_1A_1\rho_1=u_2A_2\rho_2=\cdots=u_nA_n\rho_n \tag{1-14}$$

对不可压缩或难压缩的流体可简化为

$$u_1A_1=u_2A_2=\cdots=u_nA_n \tag{1-15}$$

四、稳定流动系统的能量衡算（等温、等容条件下）

1. 流动流体所具有的三种机械能

(1) 位能　是流体质量中心处在一定的空间位置而具有的能量，其值为 $mgZ(J)$。

(2) 动能　是流体具有一定的运动速度而具有的能量，其值为 $\frac{1}{2}mu^2(J)$。

(3) 静压能　流体因为具有一定的静压力而具有的能量，其值为 $m\frac{p}{\rho}(J)$。

2. 稳定流动系统的能量衡算

(1) 除位能、动能、静压能外有关的能量
① 1kg 流体从泵获得的外加功 $W(J/kg)$。
② 1kg 流体在流动系统中的能量损失 $\sum E_f(J/kg)$。

(2) 柏努利方程
① 以 1kg 流体为基准

$$gZ_1+\frac{u_1^2}{2}+\frac{p_1}{\rho}+W=gZ_2+\frac{u_2^2}{2}+\frac{p_2}{\rho}+\sum E_f \tag{1-16}$$

② 以 1N 流体为基准（压头形式）

$$Z_1+\frac{u_1^2}{2g}+\frac{p_1}{\rho g}+H=Z_2+\frac{u_2^2}{2g}+\frac{p_2}{\rho g}+\sum H_f \tag{1-17}$$

③ 理想流体无外加功时

$$gZ_1+\frac{u_1^2}{2}+\frac{p_1}{\rho}=gZ_2+\frac{u_2^2}{2}+\frac{p_2}{\rho} \tag{1-17a}$$

$$Z_1+\frac{u_1^2}{2g}+\frac{p_1}{\rho g}=Z_2+\frac{u_2^2}{2g}+\frac{p_2}{\rho g} \tag{1-17b}$$

3. 柏努利方程的分析与应用

(1) 能量守恒与转化规律　流体流动过程中,各种能量形式间可以相互转化,但总能量是守恒的。

(2) 流体自然流动的方向　从高位能向低位能进行。

(3) 静止流体的衡算式

$$gZ_1 + \frac{p_1}{\rho} = gZ_2 + \frac{p_2}{\rho} \tag{1-18}$$

(4) 适应场合　除适合于连续稳定流动的液体外,也适合于压力变化不大$\left(\frac{p_2-p_1}{p_1} \leqslant 20\%\right)$的气体;对不稳定流动的任一瞬间也适应。

4. 静止流体的规律与应用

(1) 流体静力学基本方程

$$p_2 = p_1 + \rho g(Z_1 - Z_2) \tag{1-19}$$

或

$$p_2 = p_1 + \rho g h \tag{1-19a}$$

可变化为

$$\frac{p_2 - p_1}{\rho g} = Z_1 - Z_2 \tag{1-19b}$$

(2) 方程意义

① 反映了静止流体内部任意两个截面压力之间的关系。

② 在静止、连续、均质的流体中,处在同一水平面上各点的压力相等。

③ 可以用液柱高度表示压力大小。

(3) 应用　设计制作压力计、液位计、分液器、出料管等。

U形压力计的组成：U形玻璃管、指示液、标尺。

测压方法：测两点之间的压力差时,将压力计两端分别连在两侧压点;计算公式为

$$p_1 - p_2 = R(\rho_i - \rho)g$$

测某一点的压力时,只要将压力计的一端通大气即可;计算公式为

$$p(表压) = R(\rho_i - \rho)g$$

五、流体阻力

流体流动过程中因为克服阻力而消耗的能量叫流体阻力。

1. 流体阻力产生的原因

黏性是流体阻力产生的根本原因；除此之外,还有流动的边界条件和流体的流动形态。

2. 流体的流动形态

(1) 两种流动形态及其特点

① 层流 (滞流):流体质点做直线运动,不具有径向速度,主要靠分子的热运动传递动量、热量和质量。

② 湍流 (紊流):流体质点除具有整体向前的流速外,还具有径向的速度,质点的运动是杂乱无章的,除靠分子的热运动外,还靠质点的随机运动来传递动量、热量和质量。

(2) 流动形态的判定

① 雷诺数 Re 及其定义

$$Re = \frac{du\rho}{\mu} \tag{1-20}$$

② 判定　$Re < 2000$ 时为层流；$Re > 4000$ 时为湍流；$Re = 2000 \sim 4000$ 时为过渡流。

3. 流体阻力的计算方法

(1) 直管阻力（沿程阻力）

① 概念：流体在直径不变的管路中流动时为克服摩擦力而消耗的能量。

② 计算公式（范宁公式）

$$E_f = \lambda \frac{l}{d} \frac{u^2}{2} \tag{1-21}$$

(2) 局部阻力

① 概念：是流体流过管件、阀件、变径、出入口等局部元件时，由于流通截面突然变化而引起的能量损失。

② 计算方法

a. 局部阻力系数法

$$E_f' = \xi \frac{u^2}{2} \tag{1-22}$$

b. 当量长度法

$$E_f' = \lambda \frac{l_e}{d} \frac{u^2}{2} \tag{1-23}$$

(3) 总阻力：管路上所有直管阻力与局部阻力之和。

4. 减少流体阻力的主要措施

减短管路；减少管件，阀门，避免管路直径的突变；放大管径；在被输送介质中加入某些能减少介质对管壁的腐蚀和杂物沉积的药物。

例 题 解 析

【例 1-4】 流体作稳定流动时（　　）。

A. 不同截面的质量流量不相等　　B. 不同截面的流速必相等

C. 同一截面的体积流量相等　　D. 同一截面的压力会产生变化

分析　本题主要考查对流体稳定流动概念的理解，涉及到流体的流速、体积流量、质量流量、压力、物料衡算等概念和知识。

流体作稳定流动时，某些流动参数与位置有关，与时间无关。究竟包括哪些参数以及它们的变化情况，要根据质量守恒定律及各参数之间的关系来判断。

根据质量守恒定律，流体在密闭管路中（没有另外流体流入或泄漏）作稳定流动时，在单位时间内流过任一截面的流体的质量相等，有

$$q_{m1} = q_{m2} = \cdots = q_{mn}$$

根据 u、q_V、q_m 间的关系，连续性方程可写成

$$u_1 A_1 \rho_1 = u_2 A_2 \rho_2 = \cdots = u_n A_n \rho_n$$

可见 u 与 A、ρ 有关。不同截面，A、ρ 不一定相等，所以 u 也不一定相等。

流体的静压力不仅存在于静止流体中，也存在于流动流体中，实验可证明，流体作稳定流动时，同一截面的静压力不变，在等温条件下，流体的密度也不变，那么体积流量 $q_V = uA$ 也不变。

答　C。

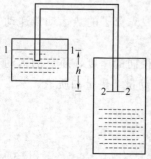

图 1-1 用虹吸管从高位槽向反应器加料

【例 1-5】 如图 1-1 所示，用虹吸管从高位槽向反应器中加料，高位槽和反应器均与大气相通，料液在管内以 3m/s 的速度

流动（能量损失忽略不计），高位槽的液面比反应器内虹吸管的管口高出_____ m（g 取 10m/s^2）。

分析 本题是应用柏努利方程，根据流体的流速确定高位槽高度的填空题。

以高位槽液面为截面 1—1，料液出口管管口为截面 2—2，以截面 2—2 为基准水平面，列柏努利方程

$$Z_1 + \frac{u_1^2}{2g} + \frac{p_1}{\rho g} + H = Z_2 + \frac{u_2^2}{2g} + \frac{p_2}{\rho g} + \sum H_\text{f}$$

因为高位槽液面比管子截面大得多，计算所得 u_1 很小，可忽略不计，故 $u_1 \approx 0$。高位槽和反应器均与大气相通，则 $p_1 = p_2 = 0$（表压）。无输送机械，$H = 0$。能量损失忽略不计，$\sum H_\text{f} = 0$。已知 $u_2 = 3\text{m/s}$，有

$$Z_1 = \frac{u_2^2}{2g} = \frac{3^2}{2 \times 10} = 0.45\text{m}$$

答 0.45。

【例 1-6】 如图 1-2 所示，用水吸收混合气体中的氨，操作压力为 105kPa（表压），已知管子的规格是 $\phi 89\text{mm} \times 3.5\text{mm}$，水的流量是 $40\text{m}^3/\text{h}$，水池液面到塔顶管子与喷头连接处的垂直距离是 18m，管路的全部阻力损失为 40J/kg，喷头与管子连接处的压力是 120kPa（表压），泵的效率是 65%。试求泵所需要的功率。

分析 本题是应用柏努利方程求算泵所需功率的计算题。

1. 应用柏努利方程解题的一般步骤是：
① 选出上、下游截面以明确衡算的系统范围；
② 选出基准水平面；
③ 在两截面间列出柏努利方程；
④ 由已知条件计算方程中的有关物理量或进行单位换算；
⑤ 将各物理量代入柏努利方程以解方程。

以上是在已提供示意图的条件下，否则应

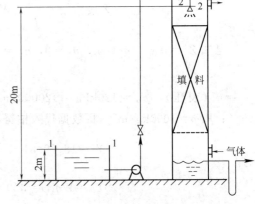

图 1-2 用水吸收混合气体中的氨

先根据题意画出流动系统的示意图。图中要指明流体流动方向，并标明有关数据以帮助分析题意（如图 1-2 所示）。

2. 解题时应注意

① 一般应选上游截面为 1—1，下游截面为 2—2。所选截面应与流体流动方向垂直，并且流体在两截面之间应是连续的。已知或所求物理量应当在两截面反映出来（如本题的截面 2—2 应选在塔顶与喷头的连接处而不应选在喷头出口处）。若有外功，则两截面应分别选在输送设备的两侧。

② 基准水平面原则上可任意选，但把基准水平面选在较低的截面处，可使计算简化。如果截面 1—1 或截面 2—2 不与基准水平面平行，则基准水平面应选在截面的中心，Z 值可取截面中心到基准水平面的垂直距离。

③ 先列柏努利方程再进行第④步，能使进行第④步时目标更明确。柏努利方程有两种表

达式，即：以 1kg 流体为衡算基准的形式和以 1N 流体为衡算基准的形式（即压头的形式）。根据已知条件选择好表达式能使计算简化（根据本题所给的已知条件，应选前一种形式）。

④ 一般情况下，方程式中有关的物理量除了一个需求的外，其余的应当是已知的或可通过其他关系计算出来的。有的物理量没有通过已知条件直接给出，如流体的密度值，可根据已知条件进行查取。

柏努利方程为理论公式，各物理量的单位必须统一。在应用方程式前应把式中有关物理量换算成一致的单位（通常是换算成 SI 制中的基本单位和由基本单位导出的导出单位），然后进行计算。

压力的表示方法要一致，两截面的压力可同时用绝压或表压。

流体截面很大时，流速可取为零。

严格地说，若截面取在管口内侧，那么出口的动压头没有包括在流动系统的总阻力内；若取在管口外侧，则出口动压头包括在总阻力内。由于动压头在总压头中所占的比例一般很小，计算时可忽略。但若要求计算管内流体的流量，那么出口的动压头就不能忽略，否则是无法进行求算的。

⑤ 解柏努利方程后若求出的不是所求的物理量，则应根据已知条件继续进行计算。

解 选水池液面为截面 1—1 塔顶管子与喷头连接处为截面 2—2，取截面 1—1 为基准水平面，在两截面间列柏努利方程

$$Z_1 g + \frac{u_1^2}{2} + \frac{p_1}{\rho} + W = Z_2 g + \frac{u_2^2}{2} + \frac{p_2}{\rho} + \sum E_f$$

已知 $Z_1=0$，$Z_2=18$m；$u_1=0$，$q_V=40$m³/h，$u_2=\dfrac{q_V}{\dfrac{\pi}{4}d^2}=\dfrac{40/3600}{3.14}{\dfrac{\pi}{4}\times\left(\dfrac{82}{1000}\right)^2}=2.1$m/s；

$p_1=0$（表压），$p_2=120$kPa$=120000$Pa（表压）；$\sum E_f=40$J/kg；$g=9.81$m/s²；$\eta=65\%$；取 $\rho=1000$kg/m³。将数据代入柏努利方程，得

$$W=18\times 9.81+\frac{2.1^2}{2}+\frac{120000}{1000}+40=339 \text{J/kg}$$

$$P_e=Wq_V\rho=339\times\frac{40}{3600}\times 1000=3767 \text{W}$$

$$P=\frac{P_e}{\eta}=\frac{3767}{65\%}=5795\text{W}=5.795\text{kW}$$

【例 1-7】 如图 1-3 所示，用 U 形管压差计测量某密闭容器中相对密度为 1.2 的液体上的压力。压差计中指示液为汞，其一端与大气相通。已知 $H=4$m，$h_1=1$m，$h_2=1.3$m。试求液面上的压力，以 kPa 表示。

分析 应用流体静力学方程式解题，首先应根据在静止、连续、匀质的流体中，处在同一水平面上各点的压力均相等的规律，找出等压面；再根据题意，列出流体静力学方程进行计算。

解 在 U 形管压差计中所测液体与指示液的分界面上选择基准等压面（如图 1-3 中所示），在基准面上的 A、B、C 三点的压力均相等。

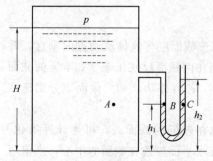

图 1-3 用 U 形管压差计测量密闭容器中液体上的压力

已知 $\rho=1200\text{kg/m}^3$，$H=4\text{m}$，$h_1=1\text{m}$，$h_2=1.3\text{m}$；查得 $\rho_{汞}=13546\text{kg/m}^3$。有
$$p_A(表压)=p(表压)+\rho g(H-h_1)=p(表压)+1200\times9.81\times(4-1)=[p(表压)+35316]\text{Pa}$$
$$p_C(表压)=\rho_{汞}g(h_2-h_1)=13546\times9.81\times(1.3-1)=39866\text{Pa}$$
因 $p_A(表压)=p_C(表压)$，有
$$p(表压)+35316=39866\text{Pa}$$
$$p(表压)=39866-35316=4550\text{Pa}=4.550\text{kPa}$$

说明 压力的变化对液体密度的影响很小，工程上常忽略压力对液体密度的影响。温度对液体密度的影响往往是不能忽略的，但若温度变化不大，液体的密度变化也不大，在缺乏数据的情况下，常温时可取其中某一数据进行近似计算。本例计算中 $\rho_{汞}$ 取的是 20℃ 时的数据。

【例 1-8】 下列说法正确的是（　　）。
A. 静止的流体没有黏性　　B. 静止的流体没有阻力
C. 一定的流体在一定的管路中流动时，所受的阻力与动压头成正比例
D. 流体的黏度大的一定比小的流动时所克服的阻力大

分析 这是一个有关流体阻力产生原因和决定流体阻力大小因素的选择题。

黏性是由于流体分子间吸引力的存在而使流体质点发生相对运动时遇到自身阻力的属性。无论静止或流动的流体，其分子间的吸引力都存在，只不过黏性在流体流动时才表现出来。

黏性是流体阻力产生的根本原因。而决定流体阻力大小的因素除了内因（黏性）和外因（流动的边界条件）外，还取决于流体的流动状况（流动形态）。这些影响因素均反映在流体阻力的计算式中。就范宁公式 $\left(E_f=\lambda\dfrac{l}{d}\dfrac{u^2}{2}\right)$ 而言，公式中的摩擦系数 λ 的值主要与雷诺数 $\left(Re=\dfrac{du\rho}{\mu}\right)$ 和管子的粗糙度有关。在其他条件相同情况下，λ 随 u 的变化而变化，所以流体所受阻力与动压头不是成正比例的关系。因为黏度（μ）只是决定流体阻力的诸多因素之一，所以选项 D 也是错误的。

答 B。

【例 1-9】 某液体在如图 1-4 所示的 3 种管路中稳定流过，设三种情况下液体在截面 1—1 处的流速与压力均相等，且管路的直径、粗糙度均相同，则（　　）。
A. $p_{2a}=p_{2b}$　　B. $p_{2a}=p_{2c}$
C. $p_{2a}>p_{2b}$　　D. $p_{2a}<p_{2c}$

分析 本题涉及连续性方程、柏努利方程及阻力计算式的应用。

对不可压缩或难以压缩的流体，连续性方程可简化为
$$u_1A_1=u_2A_2=\cdots=u_nA_n$$

此规律与管路的布置形式及管路上是否有管件、阀门或输送设备无关。在图 1-4（a）、（b）、(c) 三种情况中，u_1、p_1、d_1 与 d_2、粗糙度均相等，则 u_2 也相等。同一液体，ρ、μ 也相等。根

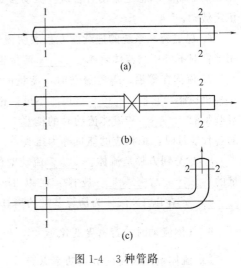

图 1-4　3 种管路

据柏努利方程

$$Z_1 g + \frac{u_1^2}{2} + \frac{p_1}{\rho} = Z_2 g + \frac{u_2^2}{2} + \frac{p_2}{\rho} + \sum E_f$$

对图 1-4（a）、(b) 而言，$Z_1 = Z_2$，$u_1 = u_2$，$l_a = l_b$；由于 (b) 管中有阀门，$\sum E_{fb} > \sum E_{fa}$，所以 $p_{2a} > p_{2b}$。

对图 1-4（a）、(c) 而言，$Z_{2c} > Z_{1c}$，因 (c) 管道长度大于 (a) 管道，且 (c) 管中有一弯头，$\sum E_{fc} > \sum E_{fa}$，所以 $p_{2a} > p_{2c}$。

答 C。

习 题

一、填空题

1. 流体在流动时，单位时间内通过管道＿＿＿＿截面的流体的＿＿＿＿，称为质量流量，用符号＿＿＿＿表示，单位是＿＿＿＿；单位时间内通过＿＿＿＿截面的流体的＿＿＿＿，称为体积流量，用符号＿＿＿＿表示，单位是＿＿＿＿；单位时间内流体在＿＿＿＿上经过的＿＿＿＿，称为流体的流速，用符号＿＿＿＿表示，单位是＿＿＿＿；单位时间内流体流过管道单位截面积的质量，称为流体的质量流速，用符号 G 表示，单位是 $kg/(m^2 \cdot s)$。

2. ＿＿＿＿于流向的管道截面积，称为流通截面积，用符号＿＿＿＿表示。

3. 完成下列换算关系

$$u \xrightarrow{\times \underline{\quad}} q_V \qquad q_m = \underline{\quad\quad} q_V$$
$$\times \underline{\quad} \downarrow \quad \times \underline{\quad}$$
$$G \xrightarrow{\quad} q_m \qquad u = \underline{\quad\quad} q_V = \underline{\quad\quad} q_m$$
$$\times \underline{\quad}$$

4. 描述流体＿＿＿＿、＿＿＿＿和＿＿＿＿三者之间关系的式子称为流量方程式，在工程上主要用来指导选择＿＿＿＿规格和塔设备的＿＿＿＿。

5. 在流体流动过程中，流体的压力、流量、流速等流动参数只与＿＿＿＿有关，而与＿＿＿＿无关的流动，叫稳定流动。若这些流动参数既与＿＿＿＿有关，又与＿＿＿＿有关的流动，叫不稳定流动。

6. 稳定流动系统的连续性方程表明流体在作稳定流动时，流体通过各截面的＿＿＿＿流量相等；对不可压缩流体，则＿＿＿＿流量也相等。

7. 流体在等温、等容流动时，能量的表现形式有＿＿＿＿能、＿＿＿＿能、＿＿＿＿能等三种机械能，它们＿＿＿＿（可、不可）相互转换。此外，与流动流体的能量有关的还有流体从泵获得的＿＿＿＿和流体流动时的能量＿＿＿＿。在工程上，以＿＿＿＿流体为基准计量流体的各种能量时，把相应的能量称为压头。

8. 柏努利方程是流体＿＿＿＿流动时的＿＿＿＿能衡算式，反映了流体流动过程中各种能量的＿＿＿＿与＿＿＿＿规律。在以 1kg 流体为衡算基准的衡算式中，每一项的单位是＿＿＿＿；在以 1N 流体为衡算基准的衡算式中，每一项的单位是＿＿＿＿。

9. 气体流动时，若密度变化不大，$\dfrac{p_2 - p_1}{p_1} \leqslant$＿＿＿＿时，也可用柏努利方程进行计算。

10. 流体输送设备的有效功率以符号＿＿＿＿表示，其与输送设备所做的有效功 W 的关系是_____或_____。

11. 完成下列换算关系：

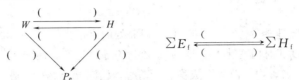

12. 应用柏努利方程解题的一般步骤：(1) 选上、下游_____明确衡算范围；(2) 选_____；(3) 在_____间列柏努利方程；(4) 由已知条件计算方程中有关物理量或进行单位换算；(5) _____。

13. 如图 1-5 所示，已知 $Z_1=1\text{m}$，$Z_2=2\text{m}$，$u_1=2\sqrt{g}$ m/s，$u_2=\sqrt{g}$ m/s，则 $\dfrac{p_1}{\rho}$ _____（大于、小于、等于）$\dfrac{p_2}{\rho}$。

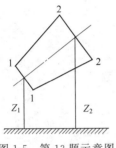

图 1-5　第 13 题示意图

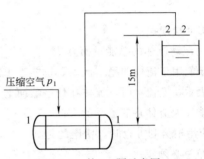

图 1-6　第 14 题示意图

14. 如图 1-6 所示，用压缩空气来压送 98% 的浓硫酸，管子出口离贮槽液面的垂直距离为 15m，要求硫酸在管内的流速为 1m/s，已知浓硫酸的密度为 1840kg/m³，忽略能量损失，则开始压送时压缩空气的表压为_____Pa（g 取 10m/s²）。

15. 流体静力学规律实际上就是静止流体内部_____与_____之间的关系。

16. 在静止、连续、_____的流体中，处在_____上各点的压力均相等。

17. 用 U 形压差计可测量流体中一点的压力或两点的_____。测一点的压力时，将压力计的一端与_____连接，另一端与_____相通。

18. _____是流体阻力产生的根本原因。此外，还有流体流动的边界条件及流体的流动_____。

19. 通常认为流体的流动型态有两种，即_____流（又称_____流）与_____流（又称_____流）。可用影响流体流动形态的因素组合而成的复合变量的值，即_____的数值来判定流动形态，其定义为 $Re=$ _____。

20. 水在内径为 100mm 的直管内流动，流速为 1m/s，则 $Re=$ _____，此时管中水的流动类型为_____流（已知水的黏度为 1.005mPa·s，密度为 1000kg/m³）。

21. 根据流动边界条件不同，可将流体阻力分为直管阻力和局部阻力。直管阻力是流体在直径_____（变、不变）的管路中流动时，因为克服_____而消耗的能量，也叫_____阻力。局部阻力是流体通过____、____、____等局部元件时，因为_____突然变化而引起的能量损失。

22. 直管阻力由_____公式计算；局部阻力的计算方法主要有局部阻力_____法和

_____法两种。

二、选择题

1. 流体作稳定流动时（　　）。
   A. 任一截面处的流速相等　　　B. 任一截面处的流量相等
   C. 同一截面的密度随时间变化　　D. 质量流量不随位置和时间变化

2. 如图1-7所示，当管中的液体形成稳定流动时，已知 $d_2=2d_1$，则（　　）。
   A. $u_1=4u_2$　　B. $u_2=4u_1$　　C. $u_2=2u_1$　　D. $u_1=2u_2$

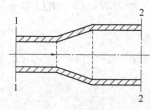

图1-7　第2题示意图

3. 柏努利方程（　　）。
   A. 为流动流体的总能量衡算式
   B. 既能用于流体的稳定流动，也能用于流体的不稳定流动
   C. 表示稳定流动时，流体在任一截面上各种机械能的总和为常数
   D. 能反映流体自然流动的方向

4. 应用柏努利方程时，错误的是（　　）。
   A. 单位必须统一
   B. 截面与基准水平面可任意取
   C. 液面很大时，流速可取为零
   D. 用压头表示能量的大小时，应说明是哪一种流体

5. 下列说法正确的是（　　）。
   A. 柏努利方程不能表示静止流体内部能量转化与守恒的规律
   B. 流体作用在单位面积上的压力，称为静压强
   C. 可以用液柱高度表示压力的大小
   D. 在静止、连通的流体中，处于同一水平面上各点的压力均相等

6. 下列不属于U形压力计组成的是（　　）。
   A. U形玻璃管　　B. 指示液　　C. 连接测压点的胶管　　D. 读数标尺

7. 如图1-8所示，测压管分别与三个设备A、B、C连通，连通管的下部是汞，上部是水，三个设备内水面在同一水平面上，则（　　）。
   A. 1、2、3三处压力相等　　　B. 4、5、6三处压力相等
   C. 1、2、3三处中，3处压力最大　　D. 4、5、6三处中，4处压力最大

8. 如图1-9所示，开口容器内盛有油和水，大气压力为 p_0，油层高度 h_1，密度 ρ_1；水层高度 h_2，密度 ρ_2，则（　　）。
   A. $p_B=p_{B'}$　　B. $p_A=p_0+\rho_2 gh_2$　　C. $p_A=p_0+\rho_2 hg$　　D. $h=(h_1+h_2)/2$

9. 下列说法错误的是（　　）。
   A. 黏性是流体阻力产生的根本原因　　B. 静止的流体没有黏性
   C. 静止的流体没有阻力　　　　　　　D. 流体的流动型态与黏度有关

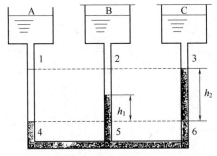

图1-8 第7题示意图

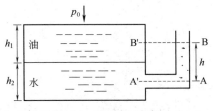

图1-9 第8题示意图

10. 下列说法正确的是（　　）。
A. 流体的流动型态有层流、过渡流和湍流三种
B. 湍流与滞流的本质区别是流体质点有无作径向运动
C. 流体在管内流动时，湍流和滞流不可能同时存在
D. 直管阻力与局部阻力均与流体的动能成正比例关系

11. 某温度下，密度为1000kg/m³，黏度为1cP（1cP＝1mPa·s）的水在内径为114mm的直管内流动，流速为1m/s，则管内水的流动类型为（　　）。
A. 湍流　　　B. 过渡流　　　C. 滞流　　　D. 无法判断

12. 流体在直管内作湍流流动时，若管径和长度都不变，且认为λ不变，若流速为原来的2倍，则阻力为原来的（　　）倍。
A. $\dfrac{1}{4}$　　　B. $\dfrac{1}{2}$　　　C. 2　　　D. 4

13. 不能减少流体阻力的措施是（　　）。
A. 减短管路，减少管件、阀门　　　B. 放大管径
C. 增大流速　　　D. 加入某些药物，以减少旋涡

三、计算题

1. 管子内径为100mm，当293K的水的流速为2m/s时，求水的体积流量q_V和质量流量q_m，分别以m³/h、kg/s为单位。

2. 输送293K时25％ $CaCl_2$ 的水溶液，质量流量为5000kg/h，流速为1.2m/s，计算管子的内径。

3. N_2流过内径为150mm的管道，温度为300K；入口处压力为150kPa，出口处压力为

120kPa，流速为20m/s。求质量流量和入口处的流速。

4. 如图1-10所示，20℃的水以2.5m/s的流速流过直径ϕ38mm×2.5mm的水平管，此管通过变径与另一规格为ϕ53mm×3mm的水平管相接。现在两管的A、B处分别装一垂直玻璃管，用以观测两截面处的压力。设水从截面A流到截面B的能量损失为1.5J/kg，试求两截面处垂直管中的水位差。

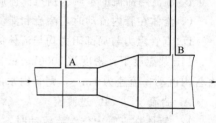

图1-10 第4题示意图

5. 如图1-11，将原料液从高位槽送入精馏塔中，高位槽液面维持不变，塔内压力（表压）为10kPa，管子为ϕ38mm×2.5mm钢管，原料液密度为850kg/m³，损失能量为29.4J/kg。欲使流量为5m³/h，高位槽液面与塔进口处的垂直距离应为多少？

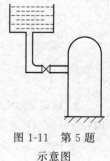

图1-11 第5题示意图

6. 288K的水从水塔经内径为200mm的钢管流出，水塔内水面高于管的出口25m，如压头损失为 24.6m，求钢管中水的流速和质量流量。

7. 某车间循环水流程是：凉水池中的凉水经泵送到车间换热器后，再到凉水塔顶进行冷却。凉水池水面比地面底 1m，凉水塔顶比地面高 10m，循环水量为 72m³/h，水管内径为 100mm，损失压头为 13m，求泵的有效功率。

8. 如图 1-12 所示，在某流化床反应器上装有两个 U 形水银压差计，读数分别为 R_1=500mm，R_2=80mm。为了防止汞蒸发，在右侧 U 形管通大气的支管内注入了一段高度 R_3=100mm 的水。试求图中 A、B 两处的压力差。

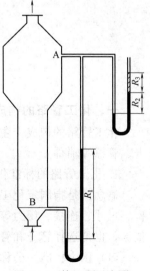

图 1-12　第 8 题示意图

9. 如图 1-13 所示，某密闭容器内盛有相对密度为 1.2 的溶液，已知总深度 H 为 5m，溶液内 A 点距液面深度 h 为 3m，A 点处压力为 200kN/m^2，求液面和容器底部的压力。

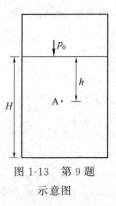

图 1-13　第 9 题示意图

10. 如图 1-14 所示，常压贮槽中盛有密度为 960kg/m^3 的重油，油面最高时深度为 9500mm，底部直径为 760mm 的人孔中心距槽底 1000mm，人孔盖板用 14mm 的钢制螺钉紧固，螺钉材料的工作应力取 400kgf/cm^2，试求需要的螺钉数。

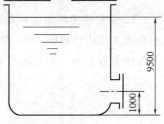

图 1-14　第 10 题示意图

11. 求 293K 的水在 ϕ25mm×2.5mm 管中湍流时的最小流速。

第四节　化工管路

知 识 要 点

一、化工管路的构成和标准化

化工管路的构成　主要由管子、管件和阀件构成，也包括一些附属于管路的管架、管卡、管撑等辅件。

1. 化工管路的标准化

概念：是指制定化工管路主要构件，包括管子、管件、阀件（门）、法兰、垫片等的结构、尺寸、连接、压力等标准并实施的过程。其中，压力标准与直径标准是制定其他标准的依据，也是选择管子和管路附件的依据。

(1) 压力标准　公称压力（PN）、试验压力（p_s）和工作压力三种。

(2) 直径（口径）标准　是指对管路直径所作的标准，一般称为公称直径或通称直径，用 DN+数值的形式表示。

2. 管子

(1) 按管材不同的分类　金属管、非金属管和复合管。

(2) 各类管子　铸铁管——普通铸铁管、硅铁管；钢管——有缝钢管、无缝钢管；有色金属管——铜管与黄铜管、铅管、铝管；非金属管——陶瓷管、水泥管、玻璃管、塑料管、橡胶管等的特点（优缺点），应用，规格及其表示。

3. 管件

(1) 概念　是用来连接管子，改变管路方向或直径，接出支路和封闭管路的管路附件的总称。

(2) 按管材类型的分类。

(3) 各类管件　水、煤气管件，铸铁管件，塑料管件，耐酸陶瓷管件，电焊钢管管件的种类名称，用途。

4. 阀件（门）

概念：是用来开启、关闭和调节流量及控制安全的机械装置，也称阀门、截门或节门。

(1) 阀件的型号　由七部分组成。

(2) 阀门的类型

① 分类。

② 各类阀门：他动启动阀——旋塞、闸阀、截止阀、节流阀、气动调节和电动调节阀；自动作用阀——安全阀、减压阀、止回阀、疏水阀等的作用，应用。

(3) 阀门的维护、异常现象与处理方法

二、化工管路的布置与安装

1. 化工管路的布置原则

2. 化工管路的安装

(1) 化工管路的连接　四种连接方法：螺纹连接、法兰连接、承插式连接、焊接连接的方法、特点、主要应用。

(2) 化工管路的热补偿方法

(3) 化工管路的试压与吹扫

(4) 化工管路的保温与涂色

(5) 化工管路的防静电措施

例 题 解 析

【例 1-10】　符合化工管路布置原则的是（　　）。

A. 管路远离厂房

B. 管路垂直排列时，有腐蚀性的在上、无腐蚀性的在下

C. 各种管路成列平行，尽量走直线

D. 并列管路上的管件阀门应集中安装

分析　布置化工管路时要考虑的问题有工艺要求，经济要求，操作方便与安全及尽可能美观。A 不经济，也不方便；B 不安全；C 经济、美观；D 操作不方便。

答　C。

习　题

一、填空题

1. 化工管路主要由_____、_____件和_____件组成，也包括一些附属于管路的辅件。

2. 化工管路的标准化是指制定化工管路主要构件的_____、_____、_____、_____等的标准并实施的过程。

3. 化工管路的压力标准中，公称压力又称_____称压力，用_____＋数值的形式表示，数值表示公称压力的_____；试验压力用_____＋数值的形式表示；工作压力是为了保证管路正常工作而根据被输送介质的工作温度所规定的_____压力，用_____＋数值表示。

4. 直径（口径）标准是指对_____直径所作的标准，一般称为_____直径或_____直径，用_____＋数值的形式表示，通常是与管子_____（内、外）径相接近的整数。

5. 生产中使用的管子按管材不同，分为金属管、_____管和_____管。金属管主要有_____管、_____管和_____管等；钢管主要有_____钢管和_____钢管；水、煤气管属于_____钢管。

6. 管件是用来连接_____、改变管路_____或_____、接出_____和封闭_____的管路附件的总称，根据管材类型可分为_____管件、_____管件、_____管件、_____管件和_____管件等五种。

7. 阀件是用来_____、_____和调节_____及控制_____的机械装置，也称阀门、截门或节门。

8. 他动启动阀有_____动、_____动和_____动等类型，若按结构分则有_____、_____阀、_____阀、_____阀、_____动调节阀和_____动调节阀等。自动作用阀有_____阀、_____阀、_____阀、_____阀等。

9. 管路的连接方式有_____连接、_____连接、_____连接及_____连接。

10. 化工管路的热补偿的主要方法有两种，其一是依靠_____的自然补偿；其二是利用_____进行补偿，主要形式有_____形、_____形及_____三种补偿器。

11. 化工管路安装完毕后，在投入运行前必须进行_____与_____。

12. 化工管路抗静电措施主要是静电_____和控制流体的_____。

二、选择题

1. 关于管路的压力标准与直径标准中正确的是（　　）。
A. 公称压力等于实际工作的最大压力　B. 工作压力是实际工作的最高允许压力
C. 公称直径等于实际管子的内径　　　D. 一种公称直径的管子只有一种规格

2. 用"ϕ 外径 mm×壁厚 mm"来表示其规格的是（　　）。
A. 铸铁管　　　B. 钢管　　　C. 铅管　　　D. 水泥管

3. 除连接管子外，只用来改变管路直径的是（　　）。
A. 弯头　　　B. 三通　　　C. 内、外牙　　　D. 丝堵

4. 能用于输送有悬浮物质流体的是（　　）。
A. 旋塞　　　B. 截止阀　　　C. 节流阀　　　D. 闸阀

5. 能自动间歇排除冷凝液并阻止蒸汽排出的是（　　）。
A. 安全阀　　　B. 减压阀　　　C. 止回阀　　　D. 疏水阀

6. 小管路除外，对常拆的管路一般采用（　　）。

A. 螺纹连接　　　B. 法兰连接　　　C. 承插式连接　　　D. 焊接

7. 符合化工管路的布置原则的是（　　）。

A. 各种管线成列平行，尽量走直线

B. 平行管路垂直排列时，冷的在上，热的在下

C. 并列管路上的管件和阀门应集中安装

D. 一般采用暗线安装

第五节　流体输送设备

知识要点

按工作原理的分类：离心式、往复式、旋转式、流体作用式。

气体压缩机械根据用途不同的分类：风机、压缩机、真空泵。

一、离心泵

优点：结构简单、操作方便、性能适用范围广、体积小、流量均匀、故障少、寿命长。

1. 离心泵的结构与工作原理

(1) 基本结构　蜗牛形泵壳、叶轮、吸入口、排出口、吸入管、排出管、单向底阀、调节阀。

(2) 工作原理

① 吸液原理　泵轴带动叶轮高速旋转，在离心力作用下，液体从叶轮中心抛向叶轮外缘，叶轮中心呈负压状态，在吸入管的两端形成了一定的压差。

② 排液原理　液体从叶轮中心向外缘运动的过程中，动能、静压能均增加，部分动能转为静压能；流经泵壳，动能减少，并转为静压能；到出口处压力达到最大，液体压出离心泵。

气缚现象：如果在启动前泵内充满气体，造成离心泵不能吸液的现象，称为"气缚"。

(3) 主要构件　叶轮、泵壳和轴封，有些还有导轮。

① 叶轮

a. 基本构成：在一圆盘上设置 4~12 个叶片。

b. 主要功能：将原动机械的机械能传给液体，并使液体的部分动能转化为静压能。

c. 根据是否有盖板分为三种形式：开式、半开（闭）式和闭式。

d. 根据吸液方式分为两种：单吸和双吸。

e. 叶轮上叶片种类：前弯、径向、后变三种。

② 泵壳

a. 形状：像蜗牛，又称蜗壳。

b. 作用：汇集被叶轮抛出的液体，并使液体实现部分动能向静压能的转换。

c. 导轮的作用：使动能向静压能的转换更加有效。

③ 轴封装置：用来实现泵轴与泵壳间密封的装置。

两种密封方式：填料函密封与机械密封方式及其优缺点。

2. 离心泵的主要性能

(1) 主要性能参数

① 送液能力：指单位时间内从泵内排出的液体体积，用 q_V 表示，也称生产能力或

流量。

② 扬程：是离心泵对 1N 流体做的功，也叫压头，用 H 表示。

③ 功率：离心泵在单位时间内对流体所做的功，称为有效功率，用 P_e 表示，单位为 W。

$$P_e = H q_V \rho g \tag{1-24}$$

离心泵从原动机械那里获得的能量称为轴功率，用 P 表示，单位为 W。

④ 效率：有效功率与轴功率之比，称为泵的总效率，用 η 表示。

$$\eta = \frac{P_e}{P} \tag{1-25}$$

(2) 性能曲线

① 构成：将离心泵的扬程、功率及效率与流量之间的关系用图表示出来，就构成离心泵的特性曲线。

② 总体规律：H 随 q_V 的增加而减少；P 随 q_V 的增加而增加；η 随 q_V 的增加先增加到某一数值后再减少（q_V 为零时 η 为零）。通常把最高效率点称为泵的设计点或额定状态，对应的性能参数为最佳工况参数。

(3) 影响离心泵性能的因素

① 密度：对 q_V、H 和 η 无影响，与 P 成正比。

② 黏度：μ 增加，q_V、H、η 下降，但 P 增加。

③ 转速：影响情况符合比例定律。

$$\frac{q_{V1}}{q_{V2}} = \frac{n_1}{n_2} \quad \frac{H_1}{H_2} = \left(\frac{n_1}{n_2}\right)^2 \quad \frac{P_1}{P_2} = \left(\frac{n_1}{n_2}\right)^3 \tag{1-26}$$

④ 叶轮直径：影响情况符合切割定律。

$$\frac{q_{V1}}{q_{V2}} = \frac{D_1}{D_2} \quad \frac{H_1}{H_2} = \left(\frac{D_1}{D_2}\right)^2 \quad \frac{P_1}{P_2} = \left(\frac{D_1}{D_2}\right)^3 \tag{1-27}$$

3. 离心泵的型号与选用

(1) 离心泵的型号　离心泵的多种分类方法。

① 清水泵型号（IS、D、S 型）表示，各型号结构特点，型号表示，适用场合。

② 耐腐蚀泵（F）型号表示，制造材料。

③ 油泵（Y、YS）型号表示，结构特点，适用场合。

④ 磁力泵（C）结构特点，适用场合。

(2) 离心泵的选用步骤　确定类型；确定流量、压头；选型号；校核轴功率；列出泵在设计点时的性能。

4. 离心泵的汽蚀与安装高度

(1) 汽蚀现象

① 概念：被输送液体在泵体内汽化再液化的现象。

② 产生的原因：吸入口处压力小于操作条件下被输送液体的饱和蒸气压。

③ 避免方法：限制泵的安装高度。

(2) 允许安装高度（吸上高度）

① 理论吸上高度公式

$$H_g = \frac{p_0 - p_1}{\rho g} - \frac{u_1^2}{2g} - \sum H_{f,0\sim 1} \tag{1-28}$$

② 允许安装高度的计算　允许汽蚀余量的定义式

$$\Delta h = \frac{p_1}{\rho g} + \frac{u_1^2}{2g} - \frac{p_s}{\rho g} \tag{1-29}$$

能防止汽蚀现象发生的最大吸上高度计算式

$$H_g = \frac{P_0}{\rho g} - \frac{P_s}{\rho g} - \Delta h - \sum H_{f,0\sim 1} \tag{1-30}$$

5. 离心泵的工作点与调节

(1) 离心泵的工作点概念　泵安装在指定管路时，泵的特性曲线和管路特性曲线的交点，称为离心泵的工作点。一定的泵装在一定的管路上只有一个工作点，泵只能在工作点下工作。

(2) 离心泵的调节

① 实质：改变离心泵的工作点。

② 主要方法：改变阀门的开度、改变转速、改变叶轮直径。

6. 离心泵的安装与操作要点。

二、其他类型泵

1. 往复泵

(1) 结构与原理

① 主要构件：泵缸、活塞（或柱塞）、活塞杆、单向阀。

有关概念：工作室，"死点"，冲程，单动、双动、三联往复泵。

② 工作原理：通过活塞经容积的改变将机械能以静压能的形式给予液体。

(2) 主要性能　包括流量、扬程、功率与效率等，其定义与离心泵一样。

① 流量：单动泵不均匀，双动泵比单动泵均匀，三联泵又比双动泵均匀。

理论流量只与泵缸的截面积、活塞的冲程、往复频率及每一周期的吸排液次数等有关，与管路特性无关。

② 压头：与泵的几何尺寸及流量均无关，由泵的机械强度和原动机械功率决定。

③ 功率与效率：计算与离心泵相同，但效率比离心泵高。

(3) 往复泵的使用与维护

① 主要特点（与离心泵比较）：流量固定而不均匀，但压头高、效率高，不需灌液，安装高度也受限制，旁路调节法调节流量。

② 主要应用：输送黏度大、温度高的液体，特别适用于小流量和高压头液体的输送。

③ 操作要点。

2. 旋涡泵、旋转泵（齿轮泵和螺杆泵）的工作原理，结构特点（优缺点），适用场合。

3. 化工常用泵的性能的比较与选用

离心泵、往复泵、旋转泵、流体作用泵的性能特点（优缺点），适用场合。

三、往复式压缩机

1. 构造与工作过程

(1) 主要构造：气缸、活塞、活门。

(2) 工作原理：通过活塞将机械能转为气体的静压能。

(3) 工作过程四阶段：膨胀、吸气、压缩、排气阶段。

(4) 与往复泵比较：缸的利用率下降；必须使用润滑油；缸外设冷水夹套；活门更要灵

活、紧凑和严密。

2．主要性能

（1）排气量

① 概念：是指单位时间内，压缩机排出的气体体积，以入口状态计算，也称压缩机的生产能力，用 Q 表示。

② 理论排气量只与气缸的结构尺寸、活塞的往复频率及每一工作周期的吸气次数有关。实际排气量要少。

③ 出口均安装油水分离器，吸入口处需安装过滤器。

（2）功率与效率

① 理论功率：可以根据气体压缩的基本原理进行计算。

② 效率：实际消耗功率比理论功率大，两者差别同样用效率表示。

3．分类与选用

（1）多种分类方法

（2）选用方法步骤

4．操作要点

例 题 解 析

【例 1-11】 离心泵中不能实现由动能向静压能转换的构件是（　　）。

A. 泵壳　　　B. 导轮　　　C. 叶轮　　　D. 泵轴

分析　离心泵中可实现动能向静压能转换的部件必须有供流体流动的且流通截面积逐渐增大的通道。流体流过时，由于截面积增大，流速减少，动能减少，静压能增大。在泵壳、导轮和叶轮中都有这样的通道，而泵轴则没有。

答　D。

【例 1-12】 下列说法正确的是（　　）。

A. 一台离心泵只有一个工作点　　　B. 一台离心泵只有一个设计点

C. 离心泵只能在工作点工作　　　　D. 离心泵只能在设计点工作

分析　本题考查对离心泵的设计点和工作点的认识和理解。

设计点是离心泵的最高效率点，它随离心泵轴的转速和叶轮直径的不同而不同，一台泵可以有多个设计点。在转速和叶轮直径不变的情况下，泵的效率随流量的变化而变化，泵在不同管路中运行时，其流量和扬程是不同的，所以虽然泵在设计点下运行最为经济，但在实际操作中不大可能在设计点工作。

工作点为泵的特性曲线和管路的特性曲线（q_V-H）的交点。当泵在管路中工作时，流量与扬程之间的关系既要满足泵的特性也要满足管路的特性，即只能在工作点工作。但同样一台泵在不同的管路或原管路的特性曲线改变后，工作点也随之改变。只有在泵和管路都确定后，工作点才只能是一个。

答　C。

【例 1-13】 车间用泵将相对密度为 1.2 的碱液从敞口贮槽送到碱洗塔中，喷头出口处较贮槽液面高 6m，压力为 40kPa（表压），管子内径均为 50mm，碱液在管内的适宜流速为 1.5m/s，吸入管路和压出管路的压头损失分别为 1m 和 4m，已知当地大气压为 100kPa，碱液的饱和蒸气压为 19.62mmHg。

(1) 试选择一台合适的离心泵并确定其安装高度。

(2) 若用此泵输送 20℃ 的清水,在此高度下能否正常工作?

分析 本题第 (1) 题是根据生产任务选用离心泵并确定其安装高度;第 (2) 题是改变生产任务后确定该离心泵的安装高度。

1. 离心泵的选用步骤如下

(1) 确定输送系统的流量与压头 流量一般为生产任务所规定,根据输送系统管路的安排,用柏努利方程计算管路所需压头。根据本题所给已知条件,宜选用压头形式的柏努利方程。

(2) 选择泵的类型与型号 根据输送液体的性质确定类型;根据操作条件(流量和压头)在泵样品或产品目录中选合适的型号。在选型号时,应考虑操作条件的变化,使泵本身具有的流量和扬程均稍大于工艺的要求。符合条件的泵通常有多个,应选取效率最高的一个。如果用性能曲线来选,要使 (q_V, H) 点落在泵的 q_V-H 线以下并处在高效区。

(3) 核算泵的轴功率 流体的密度越大,所需功率也越大,所以若输送液体的密度大于水的密度时,必须核算泵的轴功率,泵实际消耗的轴功率必须小于样本中流量最大时的轴功率。

(4) 列出泵在设计点处的性能。

2. 离心泵选定后,根据泵的允许汽蚀余量及流体的性质和操作条件确定其安装高度。

3. 生产任务改变后,再根据新的生产任务和原泵的允许汽蚀余量重新确定其安装高度。

4. 几点说明

① 泵的生产厂家提供的允许汽蚀余量是在 98.1kPa 和 293K 下以清水为介质测得的,当输送条件不同时,应对其进行校正。但由于通常在输送其他液体时,所允许的汽蚀余量小于生产厂家提供的允许汽蚀余量值,在此情况下也可不加校正而把多余的量作为外加的安全系数。

② 为保证泵在运转时不发生汽蚀,实际安装的高度往往比计算所得的 H_g 低 0.5~1m。

解 (1) 选贮槽液面为截面 1—1,喷头出口处为截面 2—2,以截面 1—1 为基准水平面,在两截面间列柏努利方程

$$Z_1 + \frac{u_1^2}{2g} + \frac{p_1}{\rho g} + H = Z_2 + \frac{u_2^2}{2g} + \frac{p_2}{\rho g} + \sum H_f$$

式中 $Z_1=0$,$Z_2=6$m;$u_1=0$,$u_2=1.5$m/s;$\rho=1200$kg/m³;$p_1=0$(表压),$p_2=40$kPa$=40000$Pa(表压);$\sum H_f=1+4=5$m。代入柏努利方程,得

$$H = 6 + \frac{1.5^2}{2\times 9.81} + \frac{40000}{1200\times 9.81} + 5 = 14.5 \text{m}$$

$$q_V = uS = u\frac{\pi}{4}d^2 = 1.5\times 3600 \times \frac{3.14}{4}\times 0.05^2 = 10.6 \text{m}^3/\text{h}$$

输送碱液应选清水泵。查书中附录十九,选 IS50-32-125 型号泵。

$$P = \frac{P_e}{\eta} = \frac{q_V g H \rho}{\eta} = \frac{10.6/3600\times 14.5\times 1200\times 9.81}{60\%}$$
$$= 838\text{W} = 0.838\text{kW} < 1.13\text{kW}$$

主要性能:流量 12.5m³/h;扬程 20m;效率 60%;轴功率 1.13kW;允许汽蚀余量 2.0m。

已知 $p_0 = 100\text{kPa} = 10^5\text{Pa}$,$p_s = \dfrac{19.62}{760} \times 101300 = 2615\text{Pa}$,$\sum H_{f,0\sim1} = 1\text{m}$。则

$$H_g = \dfrac{p_0}{\rho g} - \dfrac{p_s}{\rho g} - \Delta h - \sum H_{f,0\sim1} = \dfrac{100000}{1200 \times 9.81} - \dfrac{2615}{1200 \times 9.81} - 2.0 - 1 = 5.27\text{m}$$

实际安装高度 = $(5.27 - 0.5) = 4.77\text{m}$

(2) 查 20℃的清水 $\rho = 998.2\text{kg/m}^3$,$p_s = 2.3346\text{kPa} = 2334.6\text{Pa}$

$$H_g = \dfrac{100000}{998.2 \times 9.81} - \dfrac{2334.6}{998.2 \times 9.81} - 2.0 - 1 = 6.97\text{m} > 4.77\text{m}$$

实际安装高度比计算值少 $(6.97 - 4.77) = 2.2\text{m}$,在此高度下能正常工作。

【例 1-14】 在①离心泵②往复泵③旋涡泵④齿轮泵中,能用调节出口阀开度的方法来调节流量的有( )。

A. ①②　　　B. ①③　　　C. ①　　　D. ②④

分析 往复泵和齿轮泵属于正位移性泵(所谓正位移性是指流量与管路无关,泵的压头与流量无关),由于流量固定,减少出口阀开度,压头不变,泵内压力会急剧升高,会造成泵体、管路和电机的损坏。离心泵的压头相对较小,减少出口阀开度,流量减少,压头有所增大,但增得不多,不会造成泵的损坏。

旋涡泵相当于由许多叶轮所组成的多级离心泵,出口的压头较高,若减少出口阀的开度,流量减少,压头增大,可能造成泵的损坏。所以不能用调节出口阀开度的方法来调节流量。

答 C。

【例 1-15】 下列流体输送机械中必须安装稳压装置和除热装置的是( )。

A. 离心泵　　B. 往复泵　　C. 往复压缩机　　D. 旋转泵

分析 由结构分析,离心泵和旋转泵的流量是均匀的,不需安装稳压装置。

往复泵与往复压缩机的排液(气)是不均匀的,需安装稳压装置,其中往复压缩机输送的是气体,工作过程有压缩阶段,在气体的压缩过程中会生产热量,且在气体输送机械中,压缩机的压缩比较大,产生的热量更多,不能自然冷却,所以必须安装除热装置,而往复泵则不需安装除热装置。

答 C。

习　题

一、填空题

1. 工程上把对流体_____的机械装置统称为流体输送机械。通常输送液体的机械叫_____;输送和压缩气体的机械叫气体压送机械,可分为_____机、_____机或_____等。

2. 按工作原理分,流体输送机械可分为_____式、_____式、_____式和_____式等四类。

3. 流体输送机械必须满足的基本条件中最重要的是满足_____与_____的要求。

4. 离心泵的主要构件有_____、_____和_____,有些还有_____。通常在吸入管口装有一个_____向底阀,在排出管上装有一个_____阀,用来_____。

5. 根据叶轮是否有盖板可将叶轮分为_____式、_____式和_____式三种,为减少_____式和_____式叶轮的轴向推力,常在叶轮的后盖板上开若干个称为_____孔的

小孔。

6. 离心泵的生产厂家将表明离心泵的＿＿＿＿、＿＿＿＿及＿＿＿＿等主要性能与＿＿＿＿之间的关系用图表示出来，就构成了离心泵的特性曲线，是在＿＿＿＿K 和＿＿＿＿kPa 下以＿＿＿＿作为介质测定的。

7. 通常把最高效率点称为泵的＿＿＿＿点或＿＿＿＿状态，对应的性能参数为＿＿＿＿工况参数。

8. 影响离心泵性能的因素有液体的＿＿＿＿和＿＿＿＿；＿＿＿＿和叶轮的＿＿＿＿。其中与＿＿＿＿的关系符合比例定律，与＿＿＿＿的关系符合切割定律。

9. 按输送液体的性质不同，离心泵可分为＿＿＿＿泵、＿＿＿＿泵、＿＿＿＿泵和＿＿＿＿泵等；按吸液方式不同分为＿＿＿＿吸泵和＿＿＿＿吸泵；按叶轮数目不同分为＿＿＿＿泵和＿＿＿＿泵；按特定使用条件分为＿＿＿＿泵、＿＿＿＿泵、＿＿＿＿泵、＿＿＿＿泵和＿＿＿＿泵等。

10. 离心泵的选用步骤：(1) 根据被输送液体的性质及操作条件，确定泵的＿＿＿＿；(2) 确定＿＿＿＿；(3) 确定完成输送任务需要的＿＿＿＿；(4) 通过＿＿＿＿与＿＿＿＿在相应的系列中选取合适的＿＿＿＿；(5) 校核＿＿＿＿；(6) 列出在＿＿＿＿处的性能。

11. 因为被输送液体在泵体内＿＿＿＿化再＿＿＿＿化的现象叫离心泵的汽蚀现象，避免离心泵汽蚀现象的最大安装高度，称为离心泵的＿＿＿＿高度，也叫＿＿＿＿高度。

12. 允许汽蚀余量定义为泵吸入口处＿＿＿＿压头与＿＿＿＿压头之和比输送液体的＿＿＿＿压头高出的最低数值。

13. 管路的＿＿＿＿与＿＿＿＿之间的关系，称为管路特性。在性能曲线上，泵的特性曲线和管路的特性曲线的交点，称为离心泵在指定管路上的＿＿＿＿点，改变其的方法主要有：(1) 改变＿＿＿＿阀的开度；(2) 改变＿＿＿＿；(3) 改变＿＿＿＿。

14. 往复泵是通过＿＿＿＿或＿＿＿＿的往复运动来对液体做功的机械的总称，包括＿＿＿＿泵、＿＿＿＿泵、＿＿＿＿泵和＿＿＿＿泵等。

15. 往复泵的主要构件有＿＿＿＿、＿＿＿＿、＿＿＿＿及若干个＿＿＿＿向阀等。＿＿＿＿及＿＿＿＿间的空间称为工作室；活塞在泵内左右移动的端点叫"＿＿＿＿点"，两点间的距离称为＿＿＿＿。

16. 按活塞往复运动的一个周期里吸、排液的次数分，往复泵可分为＿＿＿＿动泵和＿＿＿＿动泵，三联泵的实质是三台＿＿＿＿动泵的组合。其中＿＿＿＿动泵的流量是很不均匀的；＿＿＿＿动泵的流量是连续，还是很不均匀的；＿＿＿＿泵的流量变化较少，但还是不均匀的；工程上有时通过在泵的入口和排出口设置＿＿＿＿室使流量更均匀。

17. 往复泵的主要性能参数也是＿＿＿＿、＿＿＿＿、＿＿＿＿与＿＿＿＿等。

18. 理论上往复泵的压头与泵的几何尺寸及流量＿＿＿＿(有、无)关系。

19. 生产中常用＿＿＿＿调节法来调节往复泵的流量。

20. 旋涡泵也是依靠＿＿＿＿对液体做功的泵，主要工作部体为＿＿＿＿、＿＿＿＿等，适用于输送流量＿＿＿＿(大、小)而压头＿＿＿＿(高、低)的液体。

21. 旋转泵是依靠＿＿＿＿转动造成＿＿＿＿改变来对液体做功的机械，具有＿＿＿＿特性。常有两种，其中齿轮泵适用于输送＿＿＿＿(高、低)黏度及＿＿＿＿状液体；螺杆泵适用于＿＿＿＿(高、低)黏度液体的输送。

22. 通常按终压或压缩比，可以将气体压送机械分为＿＿＿＿机、＿＿＿＿机、＿＿＿＿机和＿＿＿＿等四类。按工作原理也可分为＿＿＿＿式、＿＿＿＿式、＿＿＿＿式和式等四类，其中_____式和_____式应用最广。

23. 往复式压缩机主要由_____、_____、_____构成，其工作过程分为：（1）_____阶段；（2）_____阶段；（3）_____阶段；（4）排气阶段。

24. 当压缩比大于_____时，常采用多级压缩。

25. 往复式压缩机的主要性能有排气量、_____与_____。排气量是指在单位时间内压缩机排出的气体的_____，以_____（入口、出口）状态计算，也称压缩机的_____。

26. 往复压缩机的理论排气量只与气缸的_____、活塞的往复_____及每一工作周期的吸气_____有关。

27. 往复压缩机的出口安装_____器，同时吸入口处需安装_____器。

28. 往复压缩机常见的分类方法有：按被压缩气体的种类分为_____压机、_____压机、_____压机等；按气体受压缩次数分为_____级、_____级及_____级压缩机；按气缸在空间的位置分为_____式、_____式、_____式和_____式；按一个工作周期的吸排气次数分为_____动和_____动压缩机；按出口压力分为_____压、_____压、_____压和_____压压缩机；按生产能力分为_____型、_____型和_____型压缩机。

29. 选用压缩机时，首先根据被压缩气体的种类确定压缩机的_____；再根据厂房的具体情况确定选用压缩机的_____；最后根据生产能力与终压选定具体_____。

二、选择题

1. 下列说法正确的是（　　）。
   A. 离心泵能排出液体是由于泵轴带动叶轮转动时，将液体向上甩出
   B. 离心泵中导轮的作用就是为改变流体流动的方向
   C. 离心泵工作时，外加机械能转变为泵内液体的机械能，其中部分动能转变为静压能
   D. 填料密封比机械密封价格低，性能好

2. 离心泵的扬程为（　　）。
   A. 用泵将液体从低处送到高处的高度差　　B. 升扬高度和安装高度之差
   C. 泵对 1kg 液体做的功　　　　　　　　　D. 液体在泵出口处和入口处的总压头差

3. 离心泵上铭牌注明的性能参数是（　　）的性能。
   A. 实际使用时　　　　B. 高效区时
   C. 设计点时　　　　　D. 轴功率最大时

4. 离心泵中 Y 型泵为（　　）。
   A. 单级单吸清水泵　　B. 多级清水泵
   C. 耐腐蚀泵　　　　　D. 油泵

5. 下列说法正确的是（　　）。
   A. 在离心泵的吸入管末端安装单向底阀是为了防止"汽蚀"
   B. "汽蚀"与"气缚"的现象相同，发生原因不同
   C. 调节离心泵的流量可用改变出口阀门或入口阀门开度的方法来进行
   D. 允许安装高度可能比吸入液面低

6. 下列说法正确的是（　　）。
   A. 管路的扬程和流量取决于泵的扬程和流量
   B. 泵的设计点即泵在指定管路上的工作点
   C. 泵只能在工作点下工作
   D. 改变离心泵工作点的常用方法是改变转速

7. 对离心泵错误的安装或操作方法是（　　）。

A. 吸入管直径大于泵的吸入口直径

B. 启动前先向泵内灌满液体

C. 启动时先将出口阀关闭

D. 停车时先停电机，再关闭出口阀

8. 往复泵（　　）。

A. 有自吸作用，安装高度没有限制

B. 实际流量只与单位时间内活塞扫过的体积有关

C. 理论上扬程与流量无关，可以达到无限大

D. 启动前必须先用液体灌满泵体，并将出口阀门关闭

9. 依靠离心力对液体做功，但不能用改变出口阀开度来调节流量的是（　　）。

A. 离心泵　　　B. 往复泵　　　C. 旋涡泵　　　D. 旋转泵

10. 具有扬程高、流量小的特点，适用于高黏度液体输送的是（　　）。

A. 往复泵　　　B. 旋涡泵　　　C. 旋转泵　　　D. 流体作用泵

11. 一般离心泵比往复泵（　　）。

A. 扬程高　　　B. 流量小　　　C. 效率高　　　D. 能输送腐蚀性液体

12. 往复压缩机（　　）。

A. 工作过程与往复泵相同

B. 每一工作周期吸入气体的体积就是气缸中工作室的容积

C. 排气量就是指单位时间从排出口排出的气体的体积

D. 实际排气量小于理论排气量

三、计算题

1. 如图 1-15 所示的实验装置，以水为介质，在 293K 和 101.3kPa 下测定离心泵的性能参数。已知两侧压截面间的垂直距离为 0.4m，泵的转速为 2900 r/min，当流量是 26m³/h 时，测得泵入口处真空表的读数为 68kPa，泵排出口处压力表的读数为 190kPa，电动机功率为 3.2kW，电动机效率是 96%，试求此流量下泵的主要性能，并用表列出。

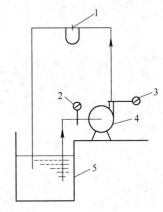

图 1-15　第 1 题示意图
1—流量计；2—真空泵；
3—压力表；4—离心泵；
5—贮槽

2. 拟用离心泵从密闭油罐向反应器内输送液态烷烃，输送量为 18m³/h。已知操作条件下烷烃的密度为 740kg/m³，饱和蒸气压为 130kPa；反应器内的压力是 225kPa，油罐液面上方为烃的饱和蒸气压；反应器内烃液出口比罐内液面高 5.5m；吸入管路的阻力损失与排出管路的阻力损

失分别是 1.5m 和 3.5m；当地大气压为 101.3kPa。试判定库中型号为 65Y-60B 型的油泵是否能满足要求，如果能满足要求，安装高度应为多少？

3. 某车间排出的冷却水温度为 338K，以 40m³/h 的流量注入一贮水池中，同时用一台水泵连续地将此热的冷却水送到一凉水池上方的喷头中，热的冷却水从喷头喷出，然后落到凉水池中，以达到冷却的目的。已知水在进入喷头前要保持 50kPa 的压力（表压），喷头入口比贮水池水面高出 2m，吸入管路和压出管路的压头损失分别为 0.5m 和 2m。试计算下列各项：

(1) 选择一台合适的离心泵，并计算泵的轴功率；
(2) 确定泵的安装高度（本地区大气压力为 100kPa，管内动压头可忽略不计）。

第六节 流量测量

知识要点

依据能量转化与守恒定律设计制作的流量计：孔板流量计、文丘里流量计、转子流量计的构造，原理，主要特点与适用场合。

例 题 解 析

【例 1-16】 不是利用流量与压力差的关系来测定流量的是（　　）。
A. 孔板流量计　　　　　B. 文丘里流量计
C. 转子流量计　　　　　D. 都不是

分析 本题所列三种流量计虽然都是依据能量转化与守恒规律设计制作的，都可通过柏努利方程来分析其原理。但孔板流量计和文丘里流量计都是由于管内流体流过小孔时，因为流通截面的减少，动能增加，静压能下降，引起压力差。流量变化，此压差也跟着变化。测出压差，根据压差与流量之间的关系获得流量。

转子流量计是当转子停留在某一高度，通过转子的停留高度读出流量。流量变化时，转子上、下游压差变化，使转子上、下运动。但测定流量时不是根据转子的运动情况，而是根据转子的停留高度。转子的重力和受到的浮力是不变的，所以无论转子停留在什么高度，上、下游的压差都是相同的。

答 C。

习　　题

一、填空题

孔板流量计、文丘里流量计与转子流量计是根据_____规律设计制作的。

二、选择题

1. 在①孔板流量计；②文丘里流量计；③转子流量计中，利用测量流体两个截面的压力差的方法来获得流量的是（　　）。
A. ①②　　　B. ①③　　　C. ②③　　　D. ①②③

2. 最简单，但测量精度最低的是（　　）。
A. 孔板流量计　　B. 文丘里流量计　　C. 转子流量计　　D. 无法确定

3. 关于转子流量计的叙述错误的是（　　）。
A. 流量越大，转子的位置越高　　　B. 转子上、下方的压力不随流量的变化而变化
C. 安装时必须保证垂直　　　　　　D. 测量不同流体时，刻度需校正

综合练习题

一、填空题（每空 1 分，共 38 分）

1. 流体是具有_____性的物体，包括可压缩的_____体和难压缩的_____体。
2. 如图 1-16 所示，水在圆管内流动时，若 $d_2 = 3d_1$，则 $u_1 = $_____$u_2$。
3. 在以 1_____流体为基准的柏努利方程中，能量的形式有_____压头、_____压头、_____压头、_____压头和_____压头。
4. 根据流体流动过程中参数的变化情况，可将流体的流动分为_____流动和_____流动。在自然界中，流体的流动类型有两种，即_____流与_____流，可用_____数的数值来判断。

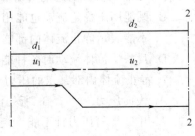

图 1-16　第 2 题示意图

5. 流体静力学基本方程反映了_____流体内部_____变化的规律。

6. 用 U 形压力计测定管道中两点的压力差时，若流动流体为水，指示液为汞（取其密度为 13600kg/m³），压力计读数为 40mm，则两点的绝对压力差为_____kPa。

7. 根据流动边界条件不同，可将流体阻力分为_____阻力和_____阻力。

8. 化工管路主要由_____、_____件和_____件构成。

9. 化工管路标准中，_____标准与_____标准是制定其他标准的依据。

10. 按工作原理分，流体输送机械可分为_____式、_____式、_____式与_____式等四类。

11. 离心泵与往复泵主要的性能参数有_____、_____、_____、_____等。

12. 往复压缩机吸入口处需安装_____器，出口均安装_____器。

13. 工业生产中依据能量转化与守恒规律设计制作的流量计有_____流量计、_____流量计、_____流量计等。

二、选择题（每题只有一个正确答案，每题 2 分，共 38 分）

1. 单元操作（　　）。
  A. 是化工过程的核心　　　　　　　B. 是基本物理操作
  C. 作用于不同化工生产过程中的基本原理不相同　　D. 只能用于化工生产过程

2. 下列说法错误的是（　　）。
  A. 大多数液体的密度随温度的升高而减少
  B. 气体的密度可用理想气体状态方程来计算
  C. 相对密度为 1.5 的液体的密度为 1500kg/m³
  D. 流体作用在单位面积上的压力，称为流体的静压强，工程上常称为压力

3. 某设备进、出口测压仪表中的读数分别为 p_1（表压）=1200mmHg 和 p_2（真空度）=700mmHg，当地大气压为 750mmHg，则两处的绝对压力差为（　　）mmHg。
  A. 500　　　　B. 1250　　　　C. 1900　　　　D. 1150

4. 关于黏度和黏性的叙述正确的是（　　）。
  A. 静止的流体没有黏性
  B. 其他条件相同情况下，黏性越大流体内摩擦力也越大
  C. 流体的黏度随温度的升高而减少
  D. 压力不影响流体的黏度

5. 流体在密闭管路中作稳定流动时，不随位置而变化的是流体的（　　）。
  A. 密度　　　　B. 流速　　　　C. 压力　　　　D. 质量流量

6. 柏努利方程（　　）。
  A. 是流动流体的总能量衡算式
  B. 既能用于稳定流动也能用于不稳定流动
  C. 不能表示静止流体内部能量转化与守恒定律
  D. 反映了流体流动时各种能量的转化与守恒规律

7. 静止流体内部某点的压力与流体的（　　）无关。
  A. 表面压力　　B. 所处深度　　C. 密度　　　　D. 黏度

8. 用 U 形管压力计不能直接测量设备中流体的（　　）。
  A. 表压　　　　B. 真空度　　　C. 绝压　　　　D. 绝压差

9. 流体阻力产生的根本原因是流体的（　　）。
   A. 黏性　　　　　B. 边界条件　　　　C. 流动形态　　　　D. 密度
10. 湍流（　　）。
    A. 是流体的三种流动形态之一
    B. 与层流不能同时存在
    C. 产生的阻力一定比滞流大
    D. 与滞流的本质区别是流体质点有无径向运动
11. 用"φ外径mm×壁厚mm"来表示规格的是（　　）。
    A. 铸铁管　　　　B. 钢管　　　　　C. 铅管　　　　　D. 水泥管
12. 在①旋塞，②截止阀，③节流阀，④闸阀中，能用于压缩空气和真空管路的是（　　）。
    A. ①②　　　　　B. ③④　　　　　C. ①③　　　　　D. ②④
13. 常拆的小管径管路通常用（　　）连接。
    A. 螺纹　　　　　B. 法兰　　　　　C. 承插式　　　　D. 焊接
14. 离心泵中，不能起转能作用的是（　　）。
    A. 叶轮　　　　　B. 泵壳　　　　　C. 导轮　　　　　D. 轴封装置
15. 分别增大液体的密度、黏度、泵的转速和叶轮的直径后，均随着增大的是（　　）。
    A. 扬程　　　　　B. 流量　　　　　C. 效率　　　　　D. 轴功率
16. 离心泵的安装高度有一定限制的原因主要是（　　）。
    A. 防止产生"气缚"现象　　　　　　B. 防止产生汽蚀
    C. 泵所能达到的真空度的限制　　　　D. 受泵的功率的限制
17. 离心泵的设计点（　　）。
    A. 是泵的效率的最高点　　　　　　B. 是泵的实际工作点
    C. 在管路确定后不能改变　　　　　D. 以上均错误
18. 离心泵与往复泵相同之处（　　）。
    A. 工作原理　　　B. 流量调节方法　C. 开车方法　　　D. 安装高度的限制
19. 往复压缩机与往复泵的相似之处（　　）。
    A. 整个工作装置　　　　　　　　　B. 主要构造和工作原理
    C. 工作过程　　　　　　　　　　　D. 压缩级数

三、计算题（共24分）

1. 氮和氢的混合气体中，氮的体积分数为0.25，求混合气体在400K和5MPa时的密度。（4分）

2. 298K时，某水管中水的流量为1200kg/h，流速为1.5m/s，求水管的直径。（2分）

3. 将密度为1500kg/m^{3}的硫酸用泵从常压贮槽送入表压力为220kPa的设备中，所用管子内径为 50mm，硫酸流入设备处与贮槽液面垂直距离为 15m，损失压头为 22.6m 酸柱，酸流量为 3kg/s。求泵的有效功率。(6 分)

4. 丁烷贮罐的贮存温度为 303K，贮罐内液面压力为 412kPa（绝压），贮罐内最低液面高度在泵入口中心线下 2.4m。303K 时丁烷的饱和蒸气压为 304kPa，密度为 580kg/m³，吸入管路的压头损失为 1.6m，泵的允许汽蚀余量为 3.2m。试求：

（1）此安装高度能否保证泵的正常工作？

（2）若贮罐液面的压力（绝压）为 319kPa 时，此安装高度能否保持泵的正常操作？(4 分)

5. 一常压贮槽，内盛有黏度不大的石油产品，密度为 760kg/m³，饱和蒸气压为 80kPa。现将该油品以 15m³/h 的流量送往加工车间，输送管路全为 ϕ57mm×2mm 的钢管，油品出管口的压力（表压）为 150kPa，升扬高度为 5m，吸入管路和压出管路的压头损失分别为 1m 和 4m。试从以下库存中选一离心泵并确定其安装高度。(8 分)

型号	流量/(m³/h)	扬程/m	轴功率/kW	效率/%	汽蚀余量/m
50Y-60B	9.9	38	2.39	35	2.3
65Y-60A	22.5	49	5.5	55	2.6
65Y-60B	19.8	38	3.75	55	2.6
80Y-60B	39.5	38	6.5	64	3.0

第二章 非均相物系的分离

第一节 概 述

知识要点

一、非均相物系分离在化工生产中的应用

1. 有关概念
（1）均相物系　是指不同组分的物质混合形成一个相的物系。
（2）非均相物系　是指存在两个（或两个以上）相的混合物。
（3）分散相　非均相物系中处于分散状态的一相。
（4）连续相（或分散介质）　非均相物系中处于连续状态的一相。

2. 非均相物系的分离在生产中的主要作用
① 满足对连续相或分散相进一步加工的需要。
② 回收有价值的物质。
③ 除去对下一工序有害的物质。
④ 减少对环境的污染。

二、常见非均相物系的分离方法

（1）沉降分离法　利用两相密度的差异。
（2）过滤分离法　利用两相对多孔介质穿透性的差异。
（3）静电分离法　利用两相带电性的差异。
（4）湿洗分离法　是气固混合物穿过液体，固体颗粒黏附于液体而被分离。

习 题

填空题

1. 非均相物系是指存在_____个或_____个以上相的混合物。在非均相物系中，一相称为_____相，另一相称为_____相。

2. 非均相物系的分离在生产中的主要作用有：（1）满足对两相进一步_____的需要；（2）回收_____的物质；（3）除去对下一工序_____的物质；（4）减少对_____的_____。

3. 正确选用非均相物系的分离方法、操作及设备应具备的知识和能力：（1）常见非均相物系的分离方法及_____；（2）沉降、过滤分离的_____与_____；（3）典型分离设备的_____特点、_____与_____。

4. 常见非均相物系的分离方法有：（1）_____分离法；（2）_____分离法；（3）_____分离法；（4）_____分离法。

第二节 沉　　降

知识要点

概念：沉降是借助于某种外力的作用，使两相发生相对运动而实现分离的操作。
分类：重力沉降、离心沉降和惯性沉降。

一、重力沉降

概念：在重力作用下使流体与颗粒之间发生相对运动而得以分离的操作。

1. 重力沉降速度

（1）自由沉降和干扰沉降概念　根据颗粒在沉降过程中是否受到其他粒子、流体运动及器壁的影响，可将沉降分为自由沉降和干扰沉降。不受影响的称为自由沉降，否则称为干扰沉降。

（2）自由沉降速度

① 概念　颗粒的沉降可分为两个阶段：加速沉降阶段和恒速沉降阶段。恒速沉降速度称为颗粒的沉降速度，对于自由沉降，则称为自由沉降速度。

② 计算公式

层流区　$10^{-4} \leqslant Re_t \leqslant 2$　　斯托克斯定律　　$u_t = \dfrac{d^2(\rho_s - \rho)}{18\mu} g$ 　　　(2-1)

过渡区　$2 < Re_t \leqslant 10^3$　　艾伦定律　　$u_t = 0.27 \sqrt{\dfrac{d(\rho_s - \rho)}{\rho} Re_t^{0.6} g}$ 　　　(2-2)

湍流区　$10^3 \leqslant Re_t < 2 \times 10^5$　　牛顿定律　　$u_t = 1.74 \sqrt{\dfrac{d(\rho_s - \rho)}{\rho} g}$ 　　　(2-3)

③ 计算方法　试差法：先确定沉降区域，求得 u_t，然后算出 Re_t。如果在所设范围内，则计算结果有效；否则需另选一区域重新计算，直至 Re_t 与所设范围相符为止。

（3）实际沉降及影响因素　实际沉降即为干扰沉降。

颗粒含量、颗粒形状、颗粒大小、流体性质（密度、黏度）、流体流动、器壁的影响及其影响情况。

2. 重力沉降设备

（1）降尘室

① 概念：凭借重力沉降以除去气体中尘粒的设备。

② 生产能力的计算式

$$q_V \leqslant BLu_t \quad (2-4)$$

即

$$q_{V,\max} = BLu_t \quad (2-5)$$

公式意义：降尘室的生产能力（达到一定沉降要求时单位时间所能处理的含尘气体量）只取决于降尘室的沉降面积（BL），而与其高度（H）无关。

③ 优缺点：结构简单，但体积大，分离效果不理想。

④ 应用：通常只能作为预除尘设备使用。

（2）连续沉降槽

① 概念：是用来处理悬浮液以提高其浓度或得到澄清液的重力沉降设备，又称增稠器或澄清器。
② 操作过程。
③ 应用：一般用于大流量、低浓度、较粗颗粒悬浮液的处理。

二、离心沉降

与重力沉降相比的优越性：大大提高沉降速度，使分离效率提高，设备尺寸减少。

1. 离心沉降速度

(1) 概念　恒速沉降速度。

(2) 沉降速度计算式（沉降处于斯托克斯区时）

$$u_R = \frac{d^2(\rho_s - \rho)}{18\mu} \times \frac{u_T^2}{R} \tag{2-6}$$

(3) 离心分离因素　离心力场强度与重力场强度的比值。

$$K_c = \frac{u_T^2/R}{g} = \frac{(2\pi R n_s)^2/R}{g} \approx \frac{R n^2}{900} \tag{2-7}$$

式中，n_s 和 n 均表示转速，其单位分别为 r/s 和 r/min。

2. 离心沉降设备

(1) 旋风分离器

① 基本结构：主体（圆筒形、圆锥形），气体入口，锥底排灰口，顶部排气管。
② 除尘过程。
③ 优缺点。
④ 主要评价指标及计算公式。

临界粒径：是指理论上能够完全被旋风分离器分离下来的最少颗粒直径。

$$d_c = \sqrt{\frac{9\mu B}{\pi N \rho_s u}} \tag{2-8}$$

对标准分离器，可取 $N=5$。

气体通过旋风分离器的压降

$$\Delta p = \xi \frac{\rho u^2}{2} \tag{2-9}$$

对标准型旋风分离器，可取 $\xi = 8$。

⑤ 其他型式的旋风分离器。
⑥ 旋风分离器的选用步骤、方法。

(2) 其他离心沉降设备　旋液分离器，离心沉降机等。

例 题 解 析

【例 2-1】　其他条件相同，$Re < 2 \times 10^5$ 时，下列各种因素中，前者比后者其颗粒沉降速度大的是（　　）。

A. 颗粒含量大比小　　　　　　　B. 颗粒直径大比小
C. 流体黏度大比少　　　　　　　D. 流体密度大比小

分析　这是一道关于影响沉降速度的因素的选择题。

在其他条件不变的情况下，首先应考虑干扰沉降的因素对沉降速度的影响，干扰越大，沉降速度越小。颗粒含量越大、流体流速越大对颗粒沉降造成的干扰越大。

对影响自由沉降的各因素的影响情况，可在理解的基础上加以判断，也可通过三个自由沉降速度的近似计算式，并结合阻力系数 ξ 与 Re_t 的关系曲线来进行判断。从斯托克斯定律和艾伦定律看，颗粒直径越大沉降速度越大；流体黏度越大，沉降速度越小。虽然牛顿定律中没有 μ 项，但结合 ξ 和 Re_t 关系曲线分析，μ 增大，Re_t 减少，ξ 增大，则 u_t 减少。而 ρ 增大，$(\rho_s-\rho)$ 减少，所以 u_t 减少。至于 $Re_t>2\times10^5$ 时，ξ 与 Re_t 的关系显不规则现象，不能轻易下结论。

答 B。

【例 2-2】 用一降尘室来净制含有煤粉的空气，煤粉粒子的最小直径为 $10\mu m$，密度为 $1400kg/m^3$；气体的温度为 298K，黏度为 $1.8\times10^{-5}Pa\cdot s$，密度为 $1.20kg/m^3$。气体的流量为 $2m^3/s$。降尘室长 4.5m，宽 2m。要求气体在隔板间流速为 0.2m/s，计算降尘室的总高度及层数。

分析 本题是涉及降尘室的结构、原理、生产能力，颗粒沉降速度，气体在方形通道中流动时体积流量和流速关系计算的综合计算题。解综合计算题的关键之一是理清解题思路。

降尘室的总高可通过降尘室的宽和气体流通截面积求得，而气体流通截面积与气体的流量和流速有关。

在已知气体的体积流量的条件下求降尘室的层数，须先求出每层隔板的体积流量，而每层隔板的体积流量相当于每层隔板的生产能力，它与降尘室的底面积和颗粒的沉降速度有关，所以应先求颗粒的沉降速度。（或将气体的体积流量作为整个降尘室的生产能力，先求出颗粒的沉降速度，再求出总的沉降面积，然后求隔板层数。）

设气体的体积流量为 q_V，气体的流通截面积为 A，每层隔板的体积流量为 q_V'，降尘室的底面积为 A'，解题步骤如图 2-1 所示。

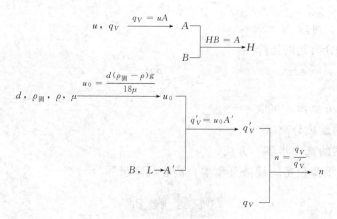

图 2-1 例 2-2 示意图

解 已知煤粉密度 $\rho_{固}=1400kg/m^3$，最小直径 $d=10\mu m=10\times10^{-6}m$；气体黏度 $\mu=1.8\times10^{-5}Pa\cdot s$，密度 $\rho=1.20kg/m^3$，流量 $q_V=2m^3/s$，流速 $u=0.2m/s$；降尘室长 $L=6m$，宽 $B=2.5m$。设气体总的流通截面积为 A，降尘室的底面积为 A'，有

$$A=\frac{q_V}{u}=\frac{2}{0.2}=10m^2$$

$$H = \frac{A}{B} = \frac{10}{2.5} = 4\text{m}$$

先设沉降处于层流区，有

$$u_t = \frac{d^2(\rho_{固}-\rho)g}{18\mu} = \frac{(10\times 10^{-6})^2(1400-1.2)\times 9.81}{18\times 1.8\times 10^{-5}} = 0.00424\text{m/s}$$

校核 Re_t

$$Re_t = \frac{du_t\rho}{\mu} = \frac{10\times 10^{-6}\times 0.00424\times 1.2}{1.8\times 10^{-5}} = 0.00283 < 1$$

假设成立，所以 $u_t = 0.00424\text{m/s}$。

$$A' = LB = 6\times 2.5 = 15\text{m}^2$$

$$q_V' = u_t A' = 0.00424\times 15 = 0.0636\text{m}^3/\text{s}$$

$$n = \frac{q_V}{q_V'} = \frac{2}{0.0636} = 31.4\text{（取 32 层）}$$

【例 2-3】 用标准旋风分离器分离某一含尘气体，若体积流量不变，将分离器的直径增大一倍，则临界直径为原来的（　　）倍。

A. 2　　　　　B. $\sqrt{2}$　　　　　C. $2\sqrt{2}$　　　　　D. $\frac{1}{4}\sqrt{2}$

分析 标准型旋风分离器中各部分尺寸有一定比例，直径增大一倍则方形入口的宽度 B 和高度 A 均增大一倍，入口截面积为原来的四倍。在气体体积流量不变的情况下，流速为原来的 1/4。根据临界粒径的计算公式

$$d_c = \sqrt{\frac{9\mu B}{\pi N\rho_s u}}$$

由于气体在标准型旋风分离器中的旋转圈数可取为定值，同一含尘气体其 μ、ρ_s 相同，有

$$\frac{d_{c1}}{d_{c2}} = \frac{\sqrt{\dfrac{2B}{(1/4)u}}}{\sqrt{B/u}} = \sqrt{8} = 2\sqrt{2}$$

答 C。

习　题

一、填空题

1. 根据颗粒在沉降过程中是否受到其他粒子、流体运动及器壁的影响，可将沉降分为＿＿＿＿沉降和＿＿＿＿沉降。

2. 颗粒在静止流体中降落时，受到向下的＿＿＿＿力，向上的＿＿＿＿力和与颗粒运动方向相反的＿＿＿＿力的作用；合力为零时，颗粒以＿＿＿＿速度下降。

3. 影响颗粒沉降速度的因素有：颗粒的＿＿＿＿、＿＿＿＿、＿＿＿＿，流体与颗粒的＿＿＿＿差，＿＿＿＿，流体的＿＿＿＿，器壁的影响等。

4. 凭借＿＿＿＿力沉降以除去＿＿＿＿体中的尘粒的设备称为降尘室。

5. 降尘室的生产能力为单位时间内所能处理的＿＿＿＿量。

6. 沉降槽又称＿＿＿＿器或＿＿＿＿器，是用来处理＿＿＿＿以提高其＿＿＿＿或得到＿＿＿＿的重力沉降设备。

7. 颗粒和流体围绕某一中心轴做圆周运动时，颗粒在圆周运动的径向上将受到三个力的作用，即_____力、_____力和_____力，三力平衡时颗粒以等速沉降。

8. 通常用_____力场强度与_____力场强度的比值来表示离心分离效果，称为离心分离因素。

9. 评价旋风分离器的主要指标是临界_____和气体经过旋风分离器的_____。

10. 选用旋风分离器时，一般是先确定其_____，然后根据气体的_____和允许_____，选定具体_____。

11. 分离液态非均相物系的离心沉降设备有_____分离器、_____沉降机等。

二、选择题

1. 下列说法正确的是（　　）。

   A. 微粒在静止介质中下降的速度称沉降速度

   B. 计算沉降速度时必须用试差法

   C. 自由沉降速度小于干扰沉降速度

   D. 降尘室的生产能力与沉降面积、沉降速度及高度有关

2. 其他条件不变的情况下，若固体粒子的直径增大一倍，则沉降速度为原来的（　　）倍。

   A. 2　　　　B. 4　　　　C. $\sqrt{2}$　　　　D. 无法确定

3. 离心分离时，若将转速增大一倍，直径减少一半，则分离因素为原来的（　　）倍。

   A. 1　　　　B. 2　　　　C. 4　　　　D. 1/2

4. 旋风分离器的临界粒径随（　　）的减少而减少。

   A. 气速　　　B. 颗粒密度　　C. 分离器的高度　　D. 标准旋风分离器的直径

5. 某含尘气体的体积流量不变，若标准型旋风分离器的直径增大一倍，则压力降（　　）。

   A. 不变　　　B. 为原来的1/4　　C. 为原来的1/16　　D. 无法确定

三、计算题

1. 温度为20℃的常压含尘气体在进反应器之前必须预热至80℃，所含尘粒粒径为75μm，密度为2000kg/m³。试求下列两种情况下的沉降速度：(1) 先预热后除尘；(2) 先除尘后预热。由此得出说明结论。

2. 某气流干燥器要将最大直径为 3mm，密度为 2000kg/m³ 的晶粒吹出。假设空气的温度为 323K。试求干燥管中空气的流速。空气的流速必须比能吹出微粒的沉降速度大 25%。

3. 用一长 4m，宽 2m，高 1.5m 的降尘室处理某含尘气体。要求处理的含尘气体量为 2.4m³/s，气体密度为 0.78kg/m³，黏度为 3.5×10⁻⁵ Pa·s；尘粒可视为球形颗粒，其密度为 2200kg/m³。试求：（1）能 100%沉降下来的最小颗粒的直径；（2）若将降尘室改为间距为 500mm 的三层降尘室，其余参数不变，若要达到同样的分离效果，所能处理的最大气体量为多少（为防止流动的干扰和重新卷起，要求气体流速<1.5m/s)？

4. 用一截面为矩形的沟槽,从炼油厂的废水中分离所含的油滴,拟回收直径 $200\mu m$ 以上的油滴。槽的宽度为 $4.5m$,深度为 $0.8m$。在出口端,除油后的水可不断从下部排出,而汇集成层的油则从顶部除去。油的密度为 $870kg/m^3$,水温为 $20℃$。若每分钟处理废水 $26m^3$,求所需槽的长度。

5. 黏度为 $2.5×10^{-5} Pa·s$,密度为 $0.8kg/m^3$ 的气体中,含有密度为 $2800kg/m^3$ 的粉尘,先采用筒体直径为 $500mm$ 的标准型旋风分离器除尘。若要除去 $6\mu m$ 以上的尘粒,试求其生产能力和相应的压降。

第三节 过 滤

知 识 要 点

一、过滤的基本知识

过滤概念(机理):是利用两相对多孔介质穿透性的差异,在某种推动力的作用下,使非均相物系得以分离的操作。

过滤过程的推动力:重力、惯性离心力、压差。

有关概念:滤浆或料浆——所处理的悬浮液;滤渣或滤饼——被截留下来的固体颗粒;滤液——透过固体隔层的液体;过滤介质——所用的固体隔层。

1. 过滤方式

滤饼过滤、深层过滤、动态过滤的方式。

2. 过滤介质

工业上常用的过滤介质 织物介质、粒状介质、多孔固体介质的构成,优点,应用。

3. 滤饼和助滤剂

(1) 滤饼 概念,分类;可压缩和不可压缩滤饼。

(2) 助滤剂 作用,使用方法,基本要求。

4．过滤速率及其影响因素

（1）过滤速率和过滤速度概念

① 过滤速率：是指过滤设备单位时间所能获得的滤液体积，表明了过滤设备的生产能力。

② 过滤速度：是指单位时间单位过滤面积所能获得的滤液体积，表明了过滤设备的生产强度，即设备性能的优劣。

（2）恒压过滤与恒速过滤

① 恒压过滤：在恒定压差下进行的过滤。

② 恒速过滤：维持过滤速率不变的过滤。

（3）影响过滤速率的因素

① 悬浮液的性质：悬浮液黏度减少，过滤速率加快。

② 过滤推动力：即滤饼和介质两侧的压差。

重力过滤——压差是靠悬浮液自身重力作用形成的。

加压过滤——压差是通过在介质上游加压形成的。

减压过滤——压差是在过滤介质下游抽真空形成的。

离心过滤——压差是利用离心力的作用形成的。

一般说来，对不可压缩滤饼，增大推动力可提高过滤速率，但对可压缩滤饼，加压却不能有效地提高过程的速率。

③ 过滤介质与滤饼的性质　介质的孔隙大小；滤饼的颗粒形状、大小、紧密度和厚度等。

5．过滤操作周期

主要包括以下几个步骤：过滤、洗涤、卸渣、清理等；有的还包括组装、甩干等。有效操作只是"过滤"这一步，其余均属辅助步骤，但却是必不可少的。

二、过滤设备

按产生压差的方式不同可分为重力式、压（吸）滤式和离心式三类。

（1）压（吸）滤设备　板框压滤机、转筒真空过滤机、袋滤器的结构，操作过程原理，优缺点，适用场合。

（2）离心过滤设备　三足式离心机、卧式刮刀卸料离心机、活塞往复式卸料离心机的结构，操作过程原理，优缺点，适用场合。

例 题 解 析

【例 2-4】下列措施中不一定能有效地提高过滤速率的是（　　）。

A．加热滤浆　　　　　　　　　B．在过滤介质上游加压

C．在过滤介质下游抽真空　　　D．及时卸渣

分析　过滤速率与过滤推动力和过滤阻力有关。

加热料浆，滤液黏度降低，过滤阻力减少，过滤速率加快。

在过滤介质上游加压，过滤推动力增加，对不可压缩滤饼，可提高过滤速率。但对可压缩滤饼，加压后被压缩程度增大，颗粒的形状改变使床层的空隙减少，单位厚度滤饼的流动阻力增大，不能有效地提高过滤速率。

在过滤介质下游抽真空，过滤的推动力增大。由于压差的增大是在减少压力的情况下达到的，所以无论是不可压缩滤饼或可压缩滤饼，其过滤阻力的变化不大，所以可有效地提高

过滤速率。实际上，在化工生产中，对能形成可压缩滤饼的悬浮液的分离，常采用真空吸滤的方法。

在滤饼过滤操作中，刚开始滤液流动所遇到的阻力只有过滤介质一项，当过滤进行一段时间，形成滤饼后，所遇到的阻力是滤饼阻力和过滤介质阻力之和，大多数情况下，过滤阻力主要决定于滤渣阻力。及时卸渣能保持高的过滤速率。

  答 B。

【例 2-5】 板框压滤机中洗涤液流过的距离为滤液流过的平均距离的（ ）倍。

A. 2   B. 4   C. $\dfrac{1}{2}$ D. $\dfrac{1}{4}$

  分析 要作出正确的选择，必须对板框压滤机的结构（特别是板和框的结构）及操作有明确的认识。

板框压滤机组装时板框的排列顺序为非洗板——滤框——洗涤板——非洗板……，过滤时，悬浮液在一定压差下经滤浆通道上角端的暗孔进入滤框内，滤液分别穿过两侧的滤布，再经相邻两板的凹槽汇集进入滤液通道排走，固相则被截留于框内形成滤饼，滤饼充满滤框后再进行洗涤。洗涤时，关闭进料阀和滤液排出阀，然后将洗涤液压入洗涤液入口通道，经洗涤板上角端侧孔进入两侧板面，之后穿过一层滤布和整个滤饼层，对滤饼进行洗涤，再穿过一层滤布，由非洗涤板的凹槽汇集进入洗涤板出口通道排出。当滤饼充满滤框时，滤液流过的距离为洗涤液的一半。但从滤框中没有滤饼开始到滤饼充满时，滤液流过的平均距离为滤饼充满滤框时流过距离的一半。所以洗涤液在板框中流过的距离为滤液流过的平均距离的四倍。

  答 B。

【例 2-6】 下列为间歇式操作设备的是（ ）。

  A. 转筒真空过滤机   B. 三足式离心机
  C. 卧式刮刀卸料离心机   D. 活塞往复式卸料离心机

  分析 本题考查对常见过滤设备结构和操作的了解情况。

结构决定操作过程。是否连续操作，主要看设备中有无连续自动卸料构件，本题所列四种设备中只有三足式离心机没有这种构件。

  答 B。

习 题

一、填空题

1. 过滤是利用两相对多孔介质＿＿＿＿性的差异，在某种推动力的作用下，使非均相物系得以分离的操作。过滤推动力可以是＿＿＿＿力、＿＿＿＿力和＿＿＿＿。

2. 在过滤操作中，所处理的悬浮液称为＿＿＿＿或＿＿＿＿，被截留下来的固体颗粒称为＿＿＿＿或＿＿＿＿，通过固体隔层的液体称为＿＿＿＿，所用固体隔层称为＿＿＿＿。

3. 工业上过滤方式有＿＿＿＿过滤、＿＿＿＿过滤和＿＿＿＿过滤，化工生产中得到广泛应用的是＿＿＿＿过滤。

4. 工业上常用的过滤介质有＿＿＿＿介质、＿＿＿＿介质、＿＿＿＿固体介质，其中工业上应用最广的是＿＿＿＿介质。

5. 过滤速率是指过滤设备单位时间内所能获得的＿＿＿＿，表明了设备的生产＿＿＿＿；

过滤速度是指单位时间单位_____所能获得的_____，表明了过滤设备的生产_____。

6. 生产中一般采用恒_____（压、速）过滤，有时，也可采用先恒_____后恒_____的操作方式。

7. 影响过滤速率的因素有：(1)_____的性质；(2)过滤_____；(3)_____与_____的性质。

8. 根据滤饼和介质两侧之间压差的形成作用不同，过滤可分为_____过滤、_____过滤、_____过滤和_____过滤。其中设备简单但过滤速率慢的是_____过滤；过滤速率快但投资费用和动力消耗都大的是_____过滤。

9. 影响过滤速率的滤饼方面的因素主要有颗粒的_____、_____、滤饼_____度和_____度等。

10. 过滤过程的操作周期主要包括_____、_____、_____、_____等步骤，对于板框压滤机等需装拆的过滤设备还包括_____。

11. 按产生压差的方式不同，过滤设备可分为_____式、_____式和_____式三类。

12. 板框压滤机由_____板、_____板、_____框、_____和_____装置等构成，一般两端均为_____板，通常也就是两端机头。

13. 转筒真空过滤机的主体部分是一个_____（卧、竖）式转筒，表面有一层_____网，网上覆盖_____，筒的大部分浸入_____中。凭借_____的作用，转筒在旋转一周的过程中，每格可按顺序完成_____、_____、_____等操作。

14. 袋滤器是利用_____穿过做成袋状而由_____支撑起来的滤布，以除去_____体中_____的设备。

15. 三足式离心机有_____、_____、_____、_____器和电机等装置，多用于_____（大、小）批量物料的处理。

16. 卧式刮刀卸料离心机的特点是在转鼓_____运转下，能按序自动进行_____、_____、_____、_____、_____、_____等工序的操作。适用于_____（大、小）规模生产。

17. 活塞往复式卸料离心机也是一种_____卸料_____操作的离心机，_____、_____、_____、_____等操作_____在转鼓内不同部位进行。

二、选择题

1. 下列说法错误的是（　　）。
A. 过滤操作既可用来分离液体非均相物系，也可用来分离气体非均相物系
B. 在滤饼过滤中，滤饼本身起到了主要过滤介质的作用
C. 增大压力和升高温度都能有效地提高过滤速率
D. 使用助滤剂的目的是防止介质孔道堵塞

2. 板框压滤机中在左、右下角各有侧孔分别与洗涤液、滤液相通的是（　　）。
A. 非洗涤板　　　　B. 洗涤板　　　　C. 滤框　　　　D. 均不是

3. 下列为连续式的是（　　）。
A. 板框压滤机　　B. 转筒真空过滤机　　C. 袋滤器　　D. 三足式离心机

4. 对悬浮液的浓度较为敏感的是（　　）。
A. 转筒真空过滤机　　　　　　　B. 三足式离心机
C. 卧式刮刀卸料离心机　　　　　D. 活塞往复式卸料离心机

第四节 气体的其他净制方法与非均相物系分离方法的选择

知识要点

一、气体其他分离方法与设备

惯性分离器、静电除尘器、文丘里除尘器、泡沫除尘器的结构，操作原理，优缺点，应用。

二、非均相物系分离方案的选择

应综合考虑的因素：生产要求、物系性质及生产成本。

① 主要从生产中要求除去的最小颗粒出发选择气-固非均相物系的分离方案及设备。

② 主要从分离目的出发，选择液-固非均相物系的分离方案及设备。

  a. 以获得固体产品为目的。

  b. 以澄清液体为目的。

例题解析

【例 2-7】 在①旋风分离器②降尘室③袋滤器④静电除尘器等除尘设备中，能除去气体中颗粒的直径符合由大到小顺序的是（   ）。

  A. ①②③④   B. ④③①②   C. ②①③④   D. ②①④③

分析 相比之下，过滤操作的除尘效率高于沉降；沉降中，离心沉降效率高于重力沉降；而静电除尘的效率比过滤操作更高。

答 C。

习 题

一、填空题

1. 实现气体净制除可用沉降与过滤方法外，还可以利用_____、_____、_____等分离方法。

2. 非均相物系的分离方案及设备的选择应从_____要求、_____性质及_____等多方面综合考虑。

二、选择题

1. 操作原理与旋风分离器相近的是（   ）。

  A. 惯性分离器   B. 静电除尘器   C. 文丘里除尘器   D. 泡沫除尘器

2. 在下列气-固非均相物系的分离设备中，分离效率最高的是（   ）。

  A. 降尘室   B. 旋风分离器   C. 文丘里除尘器   D. 静电除尘器

3. 分离颗粒含量≥5%，粒径<50μm 的液-固相物系，一般选用（   ）。

  A. 板框压滤机   B. 离心过滤机   C. 连续沉降槽   D. 转筒真空过滤机

4. 文丘里除尘器的缺点是（   ）。

  A. 结构复杂   B. 造价较高   C. 操作麻烦   D. 阻力较大

综合练习题

一、填空题（每空 1 分，共 47 分）

1. 工业生产中非均相物系的分离多采用_____方法进行，其方法是设法造成_____

相和_____相的相对运动,其分离规律遵从流体_____基本规律。

2. 根据外力的不同,沉降分为_____沉降、_____沉降和_____沉降。

3. 某降尘室长 4m,宽 2.6m,高 3m,对含沉降速度为 0.003m/s 尘粒的含尘气体,其生产能力为_____。若将降尘室隔为 6 层,其生产能力又为_____。

4. 降尘室是凭借_____沉降,以除去_____体中的尘粒的设备。

5. 重力沉降中的阻力系数是颗粒与流体相对运动时的_____的函数。

6. 离心分离因素是_____场强度和_____场强度的比值。

7. 离心沉降设备有_____分离器、_____分离器、离心沉降机等。

8. 评价旋风分离器的主要指标是临界_____和气体经过旋风分离器的_____。

9. 过滤推动力可以是_____力、_____力和_____。其中尤以_____在化工生产中应用最广。

10. 对于_____滤饼,通常需要使用助滤剂。

11. 影响过滤速率的因素有_____的性质、过滤_____、过滤_____与_____的性质。

12. 过滤过程的操作周期主要包括:_____、_____、_____等,有的还包括_____。

13. 按产生压差的方式不同,过滤设备可分为_____式、_____式和_____式。

14. 板框压滤机过滤时,滤浆先由通道进入_____;洗涤时洗涤液先由通道进入_____,再经过_____到_____后经洗涤液出口通道排出。

15. 三足式离心机有_____、机座、_____、_____、_____器和电机等装置。

16. 除沉降和过滤外,气体的净制还可利用_____、_____、_____等方法。

二、选择题(每题 2 分,共 24 分)

1. 利用两相对多孔介质穿透性差异进行非均相物系分离的是( )分离法。
A. 沉降　　　B. 过滤　　　C. 静电　　　D. 湿洗

2. 对沉降速度的说法错误的是( )。
A. 恒速沉降速度称为颗粒的沉降速度
B. 计算沉降速度时必须用试差法
C. 颗粒直径越大、所受干扰越多,沉降速度越小
D. 流体黏度越大,沉降速度越小

3. 其他条件不变将在层流区域下降的固体粒子的直径增大一倍,则下降速度为原来的( )倍。
A. 2　　　B. 4　　　C. 1/4　　　D. 无法确定

4. 与降尘室的生产能力无关的是( )。
A. 降尘室的长　　B. 降尘室的宽　　C. 降尘室的高　　D. 颗粒沉降速度

5. 离心分离时,若直径不变,转速增大一倍,分离因素为原来的( )倍。
A. 2　　　B. 4　　　C. 1/2　　　D. 1/4

6. 用标准型旋风分离器分离某一含尘气体,若风速扩大 1 倍,则压力降( )。
A. 为原来的 2 倍　　B. 为原来的 4 倍　　C. 不变　　D. 无法确定

7. 旋风分离器的临界粒径随( )的增大而减少。

A. 进口宽度　　　B. 气体黏度　　　C. 气速　　　D. 气体密度

8. 工业上应用最广的过滤介质是（　　）。

A. 织物介质　　　B. 粒状介质　　　C. 多孔固体

9. 下列措施不能加快过滤速率的是（　　）。

A. 增大滤饼和介质两侧间的压差　　　B. 冷却料浆

C. 及时卸渣　　　D. 加助滤剂

10. 下列用来分离气-固非均相物系的是（　　）。

A. 板框压滤机　　B. 转筒真空过滤机　C. 袋滤器　　D. 三足式离心机

11. 具有分离效率高、构造简单、阻力较小等优点的是（　　）。

A. 惯性分离器　　B. 静电除尘器　　C. 文丘里除尘器　　D. 泡沫除尘器

12. 分离颗粒含量＞10％，粒径＞50μm 的液-固相物系，宜选用（　　）。

A. 板框压滤机　　B. 连续沉降槽　　C. 三足式离心机　　D. 转筒真空过滤机

三、计算题（共 29 分）

1. 试求直径为 10μm 的球形石英微粒（$\rho=2600\text{kg/m}^3$）(1) 在 288K 的水（$\rho=999\text{kg/m}^3$，$\mu=1.153\text{mPa·s}$）中；(2) 在 288K 的空气（$\rho=1.227\text{kg/m}^3$，$\mu=0.0179\text{mPa·s}$）中；(3) 在 773K 的空气（$\rho=0.457\text{kg/m}^3$，$\mu=0.035\text{mPa·s}$）中的沉降速度。（9 分）

2. 降尘室总高为 4m，长为 4.55m，宽为 1.71m，内有 19 块隔板（隔板厚度忽略不计），间距高度为 0.2m，每小时流入 2000m³（标准）的含尘气体。已知气体的温度为 673K，黏度为 $3\times10^{-5}\text{Pa·s}$，气体在标准状态下的密度为 1.6kg/m³。固体粒子的密度为 3700kg/m³。试求能除去的尘粒的最小直径。其他条件不变，若要除去最小粒径为 $6.0\times$

10^{-6} 的尘粒至少应将隔板分为多少层？（8 分）

3. 直径为 900mm 的离心机，旋转速度为 1200r/min，求离心分离因数。（3 分）

4. 用标准式旋风分离器（$D=650$mm）收集 K_2CO_3 粉尘，粉尘的密度为 2290kg/m³。入口空气为 473K（$\rho=0.746$kg/m³，$\mu=2.60\times10^{-5}$Pa·s），流量为 3800m³/h。求：
(1) 临界直径；
(2) 气体通过旋风分离器的压降。（9 分）

第三章 传　　热

第一节　概　　述

知 识 要 点

一、传热在化工生产中的主要应用
① 创造并维持化学反应需要的温度条件。
② 创造并维持单元操作过程需要的温度条件。
③ 热能的合理利用和余热的回收。
④ 隔热与节能。

二、化工生产中对传热要求的两种情况
① 强化传热。
② 削弱传热。

三、稳态传热和非稳态传热概念
(1) 稳态传热　传热系统中各点的温度仅与位置有关而与时间无关。
(2) 非稳态传热　传热系统中各点的温度既与位置有关又与时间有关。

四、工业换热方法
1. 有关概念
热流体：在换热过程中温度较高、放出热量的流体。
冷流体：在换热过程中温度较低、吸收热量的流体。
加热剂：换热的目的是为了将冷流体加热时的热流体。
冷却剂：换热的目的是为了将热流体冷却时的冷流体。
2. 间壁式换热器
(1) 换热特点　需要进行热量交换的两流体被固体壁面分开，互不接触。
(2) 适用场合　要求两流体进行换热时不能有丝毫混合。
3. 直接接触式换热器
(1) 换热特点　两流体直接接触，相互混合进行换热。
(2) 适用场合　两流体允许混合。
4. 蓄热式换热器
(1) 换热特点　热、冷流体交替进入换热器，热流体将热量贮存在蓄热体中，然后由冷流体取走，从而达到换热的目的。
(2) 适用场合　高温气体热量的回收或冷却。

五、典型间壁式换热器
1. 套管换热器
主要构成：两个直径不同的同心圆管套在一起。

2. 列管换热器

（1）主要构成部件　壳体、封头、管束、管板等。

（2）流体的流动途径　管程流体和壳程流体。

（3）改善换热器的传热的方法　多管程、多壳程和折流挡板。

习　题

一、填空题

1. 传热在化工生产过程的应用主要有：（1）创造并维持_____需要的温度条件；（2）创造并维持_____过程需要的温度条件；（3）_____的合理利用与_____的回收；（4）_____与_____。

2. 要解决生产中的有关传热问题，正确地对传热设备进行操作，必须学习的内容：（1）传热的_____及其主要特点、_____和基本_____内容；（2）工业_____及其主要特点；（3）换热器内传热过程的_____与基本_____；（4）常见换热器的_____与_____特点，换热器发展趋势，典型换热器的_____与_____；（5）强化传热与阻碍传热的_____与_____。

3. 传热系统中各点的温度仅与_____有关而与_____无关的传热称为稳态传热；传热系统中各点的温度既与_____有关又与_____有关的传热称为非稳态传热。

4. 在换热过程中，温度较高放出热量的流体称为_____流体；温度较低吸收热量的流体称为_____流体。

5. 根据换热器换热方法的不同，工业换热方法分为：（1）_____式换热；（2）_____式换热；（3）_____式换热。其中冷、热流体互不接触的是_____式换热。

6. 典型间壁式换热器有_____换热器和_____换热器等。

二、判断题

1. 化工生产中对传热的要求可分为强化传热和削弱传热两种情况。（　　）

2. 热流体即加热剂，冷流体即冷却剂。（　　）

3. 多管程换热器中，一般管程数为偶数。（　　）

第二节　传热的基本方式

知　识　要　点

一、根据传热机理不同分的热量传递的三种基本方式

1. 热传导

（1）机理　由于物质的分子、原子或电子的热运动或振动引起热量传递。

（2）特点　不论其内部有无质点的相对运动都可发生，在固体、气体、液体中均可发生。

2. 热对流

（1）机理　由物质质点发生相对运动而引起的热量传递。

（2）特点　仅发生在流体中。

（3）由于引起质点相对运动的原因不同的分类

① 强制对流　由于外力而引起的质点运动。

② 自然对流　由于流体内部各部分温度的不同而产生密度的差异，使流体质点发生相对运动。

3. 热辐射

① 机理　是一种通过电磁波传递能量的方式，不仅是能量的传递，同时还伴有能量形式的转换。

② 特点　一切物体中均可发生，且不需要任何媒介，可以在真空中传播。

二、传导传热

1. 傅里叶定律——导热的基本定律

单位时间内的导热量（导热速率）与温度梯度以及垂直于热流方向的等温面面积成正比，即

$$Q = -\lambda S \frac{dt}{dn} \tag{3-1}$$

2. 热导率

(1) 意义　是物质的一种物理性质，反映物质导热能力的大小。

物理意义：在单位温度梯度（1K/m）下，单位时间（1s）通过单位传热面积（1m²）的导热面所传导的热量（J）。

(2) 影响物质热导率的因素及影响情况

① 影响因素：物质的组成、结构、密度、温度和压力等。

② 影响情况：一般而言，金属的热导率最大，非金属次之，液体较少，气体最小。

温度升高，气体的热导率增大，大多数纯金属、金属和非金属液体的热导率降低，非金属固体的热导率增大。

压力升高，气体的热导率增大，但压力不很高（不大于200MPa 时变化很少）时，可以忽略不计；液体的热导率基本上与压力无关。

在非金属液体中，水的热导率最大；金属的热导率随其纯度的增大而增大；非金属固体的热导率随密度的增加而增大。

(3) 工程计算中 λ 的取值　平均热导率——壁面两侧温度下 λ 的平均值或平均温度下的 λ 值。

3. 平壁导热

(1) 单层平壁稳态导热

① 特点：所有等温面是与传热方向垂直的平面，温度分布为直线，壁面的温度不随时间变化。

② 导热速率方程式的三种形式

$$Q = \frac{\lambda}{b} S(t_1 - t_2) \tag{3-2}$$

$$Q = \frac{t_1 - t_2}{\frac{b}{\lambda S}} = \frac{\Delta t}{R} \tag{3-2a}$$

$$q = \frac{Q}{S} = \frac{t_1 - t_2}{\frac{b}{\lambda}} = \frac{\Delta t}{R'} \tag{3-2b}$$

(2) 多层平壁稳态导热

① 特点：各层壁面面积相同，通过各层的导热速率相等，即热通量（$q=Q/S$）是常数。
② n 层平壁的导热速率方程式

$$Q=\frac{\sum\limits_{i=1}^{n}\Delta t_i}{\sum\limits_{i=1}^{n}R_i}=\frac{t_1-t_{n+1}}{\sum\limits_{i=1}^{n}\dfrac{b_i}{\lambda_i S}}=\frac{t_i-t_{i+1}}{\dfrac{b_i}{\lambda_i S}} \tag{3-3}$$

4. 圆筒壁导热

(1) 单层圆筒壁稳态导热

① 特点：传热面积和热通量不是常数而随半径而变，温度也随半径变，分布为曲线，但传热速率依然是常数。

② 导热速率方程式

$$Q=\frac{2\pi L\lambda(t_1-t_2)}{\ln\dfrac{r_2}{r_1}}=\frac{t_1-t_2}{\dfrac{\ln(r_2/r_1)}{2\pi L\lambda}}=\frac{\Delta t}{R} \tag{3-4}$$

当 $0.5\leqslant r_2/r_1\leqslant 2$ 时，对数平均值可用算术平均值代替。

(2) 多层圆筒壁稳态导热

① 特点：同单层圆筒壁。

② n 层圆筒壁的导热速率方程式

$$Q=\frac{2\pi L(t_1-t_{n+1})}{\sum\limits_{i=1}^{n}\dfrac{\ln(r_{i+1}/r_i)}{\lambda_i}}=\frac{2\pi L(t_i-t_{i+1})}{\dfrac{\ln(r_{i+1}/r_i)}{\lambda_i}} \tag{3-5}$$

三、对流传热

通常是指流体与固体壁面间的热量传递。

1. 对流传热分析

(1) 温度差、传热方式　在湍流主体内，热量传递主要依靠对流进行，传导所起作用很小，在传热方向上，流体的温度差极小；在过渡区内，传导和对流同时起作用，温度发生缓慢变化；在滞流内层中，主要靠传导进行传热，温度差较大。

(2) 热阻　主要集中在滞流内层。

2. 对流传热基本方程——牛顿冷却定律

$$Q=\frac{\Delta t}{\dfrac{1}{\alpha S}}=\alpha S\Delta t \tag{3-6}$$

或

$$\frac{Q}{S}=\frac{\Delta t}{1/\alpha}=\alpha\Delta t \tag{3-6a}$$

当流体被加热时，$\Delta t=t_W-t$；流体被冷却时，$\Delta t=T-T_W$。

3. 对流传热系数

定义式

$$\alpha=\frac{Q}{S\Delta t} \tag{3-7}$$

意义：不是物性，是受诸多因素影响的一个参数，反映了对流传热的强度。

物理意义：表示在单位时间内，单位对流传热面积上，流体与壁面（或相反）的温度差为 1K 时，以对流传热方式传递的热量（J）。

(1) 影响对流传热系数的因素

① 流体的种类（状态）及相变情况。

② 流体的性质（热导率、比热容、黏度和密度等）。

③ 流体的流动状态（滞流、湍流）。

④ 流体流动的原因（强制对流、自然对流）。

⑤ 传热面的形状、位置及大小。

(2) 对流传热系数特征关联式

计算对流传热系数的方法——量纲分析法：将众多影响因素（物理量）经过分析组合成若干无量纲数群，再通过实验确定各特征数之间的关系，即得到各种条件下的 α 关联式。

各特征数的名称、符号、特征数式及意义：努塞尔数 $Nu = \alpha l / \lambda$，对流传热系数影响；雷诺数 $Re = l u \rho / \mu$，确定流动状态；普朗特数 $Pr = c_p \mu / \lambda$，物性影响；格拉晓夫数 $Gr = g l^3 \rho^2 \beta \Delta t / \mu^2$，自然对流影响。

使用 α 关联式时不能超出实验条件的范围，并应遵照由实验数据整理出 α 关联式时各特征数中确定各物理量数值的方法。具体有以下三点：

① 应用范围：关联式可以使用的条件范围。

② 特征尺寸：用来表征壁面影响的尺寸。

③ 定性温度：确定各特征数中流体物性的温度。

(3) 提高对流传热系数的措施

① 无相变时的对流传热：增大流速和减少管径，但以增大流速更为有效；不断改变流体的流动方向。

在列管换热器中采取的具体措施：采用多管程，也可采用多壳程，但一般不采用，而广泛采用折流挡板。

② 有相变时的对流传热：及时排除冷凝液和不凝性气体；还可采取一些其他措施。

四、辐射传热

① 概念：当物体向外界辐射的能量与从外界吸收的辐射能不相等时，该物体与外界就必然产生的热量传递。

② 物体对外界投入辐射的吸收率 $\left(A = \dfrac{Q_A}{Q}\right)$、反射率 $\left(R = \dfrac{Q_R}{Q}\right)$ 和穿透率 $\left(D = \dfrac{Q_D}{Q}\right)$ 及其关系

$$A + R + D = 1 \tag{3-8}$$

③ 黑体概念：能够将外来的热辐射全部吸收（A=1）的物体，是一种理想的物体。

④ 物体的辐射能力

a. 概念：是指一定温度下，单位时间单位物体表面向外界发射的全部波长的总能量。

b. 黑体辐射能力的计算公式

$$E_b = C_0 \left(\dfrac{T}{100}\right)^4 \tag{3-9}$$

c. 黑度概念：实际物体的辐射能力和同温下黑体的辐射能力的比值。

$$\varepsilon = \dfrac{E}{E_b} \tag{3-10}$$

d. 实际物体的辐射能力

$$E = \varepsilon E_b = \varepsilon C_0 \left(\frac{T}{100}\right)^4 \quad (3\text{-}11)$$

e. 物体的吸收率与黑度关系

$$A = \varepsilon \quad (3\text{-}12)$$

⑤ 两固体之间的辐射传热速率的计算公式

$$Q = C_{1\sim 2} S \Phi \left[\left(\frac{T_1}{100}\right)^4 - \left(\frac{T_2}{100}\right)^4\right] \quad (3\text{-}13)$$

⑥ 影响辐射传热的主要因素：温度、几何位置、黑度、物体之间介质及影响情况。
⑦ 关于对流-辐射联合传热及总热损的计算。

例 题 解 析

【例 3-1】 在圆形管道外包两层绝热材料，若各自的厚度不变将热导率少的绝热材料由内层改为外层，两层绝热材料的总热阻（　　）。

  A. 不变   B. 增大   C. 减少   D. 无法判断

分析 设第一层绝热材料的内径为 r_2，外径为 r_3，热导率为 λ_2；第二层绝热材料的内径为 r_3，外径为 r_4，热导率为 λ_3，且 $\lambda_2 < \lambda_3$；则原两层绝热材料的总热阻为 $\dfrac{\ln(r_3/r_2)}{\lambda_2} + \dfrac{\ln(r_4/r_3)}{\lambda_3}$。将热导率小的绝热材料由内层改为外层后两层绝热材料的总热阻为 $\dfrac{\ln(r_3/r_2)}{\lambda_3} + \dfrac{\ln(r_4/r_3)}{\lambda_2}$。

设总热阻不变，则有

$$\frac{\ln(r_3/r_2)}{\lambda_3} + \frac{\ln(r_4/r_3)}{\lambda_2} = \frac{\ln(r_3/r_2)}{\lambda_2} + \frac{\ln(r_4/r_3)}{\lambda_3}$$

$$\frac{\ln(r_3/r_2) - \ln(r_4/r_3)}{\lambda_3} = \frac{\ln(r_3/r_2) - \ln(r_4/r_3)}{\lambda_2}$$

$$\frac{\ln\left(\dfrac{r_3}{r_2} \cdot \dfrac{r_3}{r_4}\right)}{\lambda_3} = \frac{\ln\left(\dfrac{r_3}{r_2} \cdot \dfrac{r_3}{r_4}\right)}{\lambda_2}$$

$$\frac{\ln\dfrac{r_3^2}{r_2 r_4}}{\lambda_3} = \frac{\ln\dfrac{r_3^2}{r_2 r_4}}{\lambda_2}$$

$$\lambda_3 = \lambda_2$$

等式不能成立。

设总热阻增大，有

$$\frac{\ln\dfrac{r_3^2}{r_2 r_4}}{\lambda_3} > \frac{\ln\dfrac{r_3^2}{r_2 r_4}}{\lambda_2}$$

$$\lambda_2 > \lambda_3$$

不等式不能成立。

设总热阻减少，有

$$\frac{\ln\frac{r_3^2}{r_2 r_4}}{\lambda_3} < \frac{\ln\frac{r_3^2}{r_2 r_4}}{\lambda_2}$$

$$\lambda_2 < \lambda_3$$

不等式成立。

所以若包多层绝热材料时，往往将热导率小的包在内层。

答 C。

【例 3-2】 某平壁炉的炉壁是用内层为 0.20m 厚的耐火材料和外层为 0.20m 厚的普通建筑材料砌成，两种材料的热导率分别为 0.88W/(m·℃) 和 0.80W/(m·℃)。已测得炉内侧壁温度为 800℃，外侧壁面温度为 110℃。为减少热损失，在普通建筑材料外面又包一层厚度为 0.20m 的石棉 $[\lambda=0.19W/(m·℃)]$，包扎后测得普通建筑材料与石棉交界面的温度为 630℃，石棉层外侧温度为 75℃。求包扎石棉层后①热损失比原来减少百分之几？②炉内壁温度为多少？

分析 解多层平壁传热的计算题，主要要抓住导热速率 Q 和导热面积 S（即单位面积的导热速率 Q/S）是常数 $\left(\text{即}\dfrac{Q}{S}=\dfrac{\Delta t_i}{b_i/\lambda_i}\right)$，及总推动力等于各层推动力之和，总阻力等于各层热阻之和的原理 $\left(\text{即}\dfrac{Q}{S}=\dfrac{\sum\limits_{i=1}^{n}\Delta t_i}{\sum\limits_{i=1}^{n}R_i}\right)$。

解 已知 $b_1=0.20$m，$b_2=0.20$m，$\lambda_1=0.88$W/(m·℃)，$\lambda_2=0.80$W/(m·℃)，加石棉保温层前 $t_1=800$℃，$t_3=110$℃，则

$$q=\frac{Q}{S}=\frac{t_1-t_3}{\dfrac{b_1}{\lambda_1}+\dfrac{b_2}{\lambda_2}}=\frac{800-110}{\dfrac{0.20}{0.88}+\dfrac{0.20}{0.80}}=1446\text{W/m}^2$$

加保温层后，已知 $b_3=0.20$m，$\lambda_3=0.19$W/(m·℃)，$t_4=75$℃，$t_3=630$℃，有

$$q'=\frac{Q'}{S}=\frac{\Delta t_3}{\dfrac{b_3}{\lambda_3}}=\frac{630-75}{\dfrac{0.20}{0.19}}=527.25\text{W/m}^2$$

则

$$\frac{q-q'}{q}=\frac{1446-527.25}{1446}\times 100\%=63.5\%$$

由

$$\Delta t=t_1-t_4=q'\left(\frac{b_1}{\lambda_1}+\frac{b_2}{\lambda_2}+\frac{b_3}{\lambda_3}\right)=527.25\times\left(\frac{0.20}{0.88}+\frac{0.20}{0.80}+\frac{0.20}{0.19}\right)=807℃$$

得

$$t_1=t_4+\Delta t=75+807=882℃$$

【例 3-3】 在一个 $\phi 38$mm$\times 2.5$mm 的蒸汽管道外包上两层绝热层，第一层厚 0.05m，热导率 $\lambda=0.07$W/(m·K)；第二层厚 0.01m，$\lambda=0.15$W/(m·K)。测得管内壁温度为 120℃，第二层保温层外表温度为 20℃。求每米管长的热损失及两保温层界面处的温度 [管道的热导率取 46.5W/(m·K)]。

分析 圆筒壁的导热问题与平壁导热的不同之处在于传热面积和热通量不是常数而是随半径变，但传热速率在稳态时依然是常量且传热的推动力和阻力也是可以叠加的，即有

$Q = \dfrac{\Delta t_i}{\dfrac{\ln(r_{i+1}/r_i)}{2\pi L \lambda_i}}$ 和 $Q = \dfrac{\sum\limits_{i=1}^{n}\Delta t_i}{\sum\limits_{i=1}^{n}\dfrac{\ln(r_{i+1}/r_i)}{2\pi L \lambda_i}}$。根据这两点，就可以用类似多层平壁导热的方法来解多层圆筒壁的导热计算题。

解 已知 $r_2 = \dfrac{38}{2000} = 0.019\text{m}$，$r_1 = \dfrac{19-2.5}{1000} = 0.0165\text{m}$，$r_3 = 0.019 + 0.05 = 0.069\text{m}$，$r_4 = 0.069 + 0.01 = 0.079\text{m}$。$t_1 = 120\text{℃}$，$t_4 = 20\text{℃}$，有

$$Q = \dfrac{2\pi L(t_1 - t_4)}{\dfrac{1}{\lambda_1}\ln\dfrac{r_2}{r_1} + \dfrac{1}{\lambda_2}\ln\dfrac{r_3}{r_2} + \dfrac{1}{\lambda_3}\ln\dfrac{r_4}{r_3}} = \dfrac{2 \times 3.14 \times 1 \times (120-20)}{\dfrac{1}{46.5}\ln\dfrac{0.019}{0.0165} + \dfrac{1}{0.07}\ln\dfrac{0.069}{0.019} + \dfrac{1}{0.15}\ln\dfrac{0.079}{0.069}}$$

$$= 32.49\text{W}$$

由

$$Q = \dfrac{2\pi L \Delta t_3}{\dfrac{1}{\lambda_3}\ln\dfrac{r_4}{r_3}}$$

得

$$t_3 - t_4 = \Delta t_3 = \dfrac{Q \dfrac{1}{\lambda_3}\ln\dfrac{r_4}{r_3}}{2\pi L} = \dfrac{32.49 \times \dfrac{1}{0.15}\ln\dfrac{0.079}{0.069}}{2 \times 3.14 \times 1} = 4.7\text{℃}$$

$$t_3 = \Delta t_3 + t_4 = 4.7 + 20 = 24.7\text{℃}$$

或由

$$Q = \dfrac{2\pi L(t_1 - t_3)}{\dfrac{1}{\lambda_1}\ln\dfrac{r_2}{r_1} + \dfrac{1}{\lambda_2}\ln\dfrac{r_3}{r_2}}$$

得

$$t_3 = t_1 - \dfrac{Q}{2\pi L}\left(\dfrac{1}{\lambda_1}\ln\dfrac{r_2}{r_1} + \dfrac{1}{\lambda_2}\ln\dfrac{r_3}{r_2}\right)$$

$$= 120 - \dfrac{32.49}{2 \times 3.14 \times 1}\left(\dfrac{1}{46.5}\ln\dfrac{0.019}{0.0165} + \dfrac{1}{0.07}\ln\dfrac{0.069}{0.019}\right)$$

$$= 24.7\text{℃}$$

【例 3-4】 下列叙述错误的是（　　）。

A. 对流传热既包括热对流，也包括热传导
B. 影响对流传热速率的因素都能对传热系数产生影响
C. 计算对流传热系数的 α 关联式都是一些经验公式
D. 凡影响流体流动情况的因素都能影响对流传热系数

分析 对对流传热的认识主要在于：①对流传热是流体与壁面间的传热过程，既有热对流的方式，又有热传导的方式。②对流是一个很复杂的传热过程，影响因素很多，工业上采用较简单的处理方法，即用牛顿冷却定律关系式 $Q = \alpha A \Delta t$ 来作为对流传热计算的基础。主要是因为大量的实践证明，对流传热速率与传热面积及流体和壁面间的温度差成一定的比例关系。这样处理，将影响对流传热速率的因素除传热面积和流体与固体壁面间的温度差外，都集中到对流传热系数 α 上，将对流传热速率的计算式与导热速率的计算式的基本形式统一起来，可导出计算间壁传热的总传热速率方程式，使计算简便。③由于影响对流传热速率的因素很多，难以建立纯理论公式进行计算。目前通常采用量纲分析法，将影响因数组成若干

无量纲数群,再通过实验的方法确定特征数之间的关系,得到各种条件下的 α 关联式。数量繁多的 α 关联式及其应用范围、特征尺寸、定性温度虽都根据实验,但理论上力求包含所有影响对流传热过程的因素,其中有影响热传导的因素,但主要的是影响流体流动情况的因素。

答 B。

习 题

一、填空题

1. 根据机理的不同,传热的基本方式有:热_____、热_____和热_____。
2. 导热速率与_____以及垂直于热流方向的_____成正比。
3. 热导率是物质的一种_____,反映物质_____能力的大小,其单位是_____。
4. 当_____$\leqslant r_2/r_1 \leqslant$_____时,圆筒壁导热速率方程式中的对数平均半径和对数平均面积可由_____平均值代替。
5. 在对流传热时,热阻主要集中在_____。
6. 对流传热速率与传热_____成正比,与流体和壁面间的_____成正比。
7. 对流传热系数的单位是_____。
8. 影响对流传热系数的因素有:(1) 流体的种类及_____情况;(2) 流体的性质,有_____、_____、_____度和_____度等;(3) 流体的_____;(4) 流体流动的_____;(5) 传热面的_____、_____及_____。
9. 目前求取对流传热系数常采用_____分析法,将众多影响因素组合成若干_____数群,再通过实验确定各_____数之间的关系,即得到各种条件下的_____式。
10. 化工生产中的对流传热有:(1) 流体无相变时的对流传热,包括_____对流和_____对流;(2) 流体有相变时的对流传热,包括_____和_____。
11. _____(增大、减少)流速和_____(增大、减少)管径都能增大无相变时的对流传热系数,但以_____更为有效。
12. 来自外界的辐射能投射到物体表面时,会发生_____、_____和_____现象。
13. 影响辐射传热的主要因素有:(1) _____;(2) _____;(3) _____;(4) 物体之间的_____。

二、选择题

1. 下列说法错误的是( )。
  A. 热量总是自发地从高温处向低温处传递的
  B. 固体中存在热传导,不存在热对流
  C. 液体中存在热对流,不存在热传导
  D. 辐射传热不仅是能量的传递,同时还伴有能量形式的转换
2. 关于热导率的叙述错误的是( )。
  A. 金属的热导率随纯度的增高而增大
  B. 气体的热导率随压力的升高而增大
  C. 与固体和液体相比,气体的热导率最小
  D. 物质的热导率均随温度的升高而增大
3. 穿过三层平壁的稳态导热过程(即通过每层平壁的导热速率相等,如图3-1所示),试比较第一层热阻 R_1 与第二、三层热阻 R_2、R_3 的

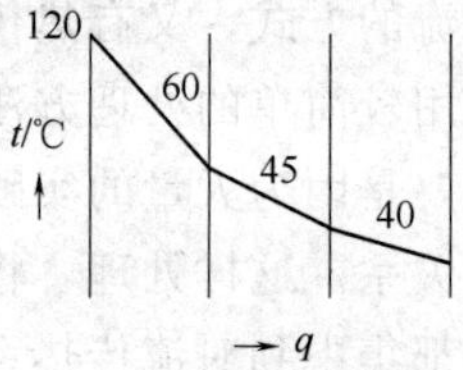

图 3-1 第 3 题示意图

大小（　　）。

A. $R_1 > R_2 + R_3$ B. $R_1 < R_2 + R_3$

C. $R_1 = R_2 + R_3$ D. 无法比较

4. 一般情况下，下列说法错误的是（　　）。

A. 湍流时 α 的值比滞流时大得多

B. 无相变时 α 的值比有相变时大得多

C. 强制对流时 α 的值比自然对流大

D. 计算 α 常采用实验得到的关联式

5. 下列说法正确的是（　　）。

A. 对流传热就是指发生在流体之间的传热过程

B. 对流传热系数表示在单位时间、单位传热面积上以对流方式传递的热量

C. 计算对流传热系数时的特征数是一些无量纲的数群

D. 应用 α 关联式时，特征尺寸指内径或外径，定性温度即进、出口流体的平均温度

6. 下列不能提高对流传热系数的是（　　）。

A. 利用多管程结构 B. 增大管径

C. 在壳程内装折流挡板 D. 冷凝时在管壁上开一些纵向沟槽

7. 关于"黑体"的叙述错误的是（　　）。

A. 吸收率为1　　B. 黑度为1　　C. 反射率为1　　D. 是一种理想物体

8. 黑度越大，物体的（　　）越小。

A. 辐射能力 B. 吸收能力

C. 与黑体辐射能力的接近程度 D. 角系数

三、计算题

1. 有一用10mm钢板制成的平底反应器，其底面积为2m²，内外表面温度分别为110℃和100℃。求每秒从反应器底部散失于外界的热量为多少？[已知 $\lambda_{钢}=46.5\text{W}/(\text{m}\cdot\text{K})$]

2. 某平壁工业炉的耐火砖厚度为0.213m，炉墙热导率 $\lambda=1.038\text{W}/(\text{m}\cdot\text{K})$。其外用热导率为 $0.07\text{W}/(\text{m}\cdot\text{K})$ 的绝热材料保温。炉内壁温度为980℃，绝热层外壁温度为38℃，如允许最大热量损失为950W/m²，求：

(1) 绝热层的厚度；

(2) 耐火砖与绝热层的分界处温度。

3. 有一 $\phi 108mm \times 4mm$ 的管道，内通以 200kPa 的饱和蒸汽。已知其外壁温度为110℃，内壁温度以蒸汽温度计。试求每米管长的导热量。

4. 已知一外径为75mm，内径为55mm 的金属管，输送某一热的物流，此时金属管内壁温度为120℃，外壁温度为115℃，每米管长的散热速率为 4545W/m。求该管材的热导率。

5. 在一圆形直管内呈强制湍流且无相变时，若流量及物性均不变，现将管内径减半，则管内对流传热系数为原来的多少倍？

第三节 间壁传热

知 识 要 点

间壁两侧流体传热的三个过程：对流传热—热传导—对流传热。
一、总传热速率方程式及其应用
1. 总传热速率方程式

$$Q=KS\Delta t_m \tag{3-14}$$

或

$$Q=\frac{\Delta t_m}{\dfrac{1}{KS}}=\frac{\Delta t_m}{R} \tag{3-14a}$$

$$q=\frac{Q}{S}=\frac{\Delta t_m}{1/K}=\frac{\Delta t_m}{R'} \tag{3-14b}$$

2. 应用
有关传热规律、传热计算以及强化传热等内容的学习，都将以该方程为核心和基础。
化工过程的两类传热问题：
① 设计型问题，即根据生产要求，选定（或设计）换热器；
② 操作型问题，即给定换热器，当操作条件变化或换热任务变化时，如何应付。
二、热量衡算
1. 传热速率与热负荷的关系

(1) 含义不同 传热速率是换热器在单位时间内能够传递的热量，是换热器的换热能力，主要由换热器自身的性能决定。

热负荷是生产上要求换热器必须具有的换热能力，是在生产中换热器内冷、热两股流体每单位时间所交换的热量，取决于生产任务。

(2) 数值 为保证完成传热任务，应使换热器的传热速率大于或至少等于其热负荷。考虑在使用中换热器性能的变化等因素，选择（或设计）换热器时，其传热速率应大于其热负荷。

2. 热量衡算与热负荷的确定

(1) 热量衡算的基本公式

$$Q_h = Q_c + Q_L \tag{3-15}$$

(2) 热负荷（Q）的确定 热损可忽略不计时

$$Q = Q_h = Q_c \tag{3-15a}$$

热损不能忽略时，在套管换热器内，当热流体走管程，有 $Q_h = Q_c + Q_L$，$Q = Q_h$；当热流体走壳程时，有 $Q_h - Q_L = Q_c$，$Q = Q_c$。即取走管程的流体的传热量作为换热器的热负荷。

(3) 传热量的计算方法 说明：下标 h 为热流体，下标 c 为冷流体，下标 1 为流体的进口，下标 2 为出口，T 为热流体温度，t 为冷流体温度。

① 显热计算法

$$Q_h = q_{mh} c_{ph} (T_1 - T_2) \tag{3-16}$$

$$Q_c = q_{mc} c_{pc} (t_2 - t_1) \tag{3-16a}$$

注意 c_p 的求取：一般由流体换热前后的平均温度 $(T_1 - T_2)/2$ 或 $(t_1 + t_2)/2$ 查得。

② 潜热计算法

$$Q_h = q_{mh} r_h \tag{3-17}$$

$$Q_c = q_{mc} r_c \tag{3-17a}$$

③ 焓差计算法

$$Q_h = q_{mh} (H_{h1} - H_{h2}) \tag{3-18}$$

$$Q_c = q_{mc} (H_{c2} - H_{c1}) \tag{3-18a}$$

注意：混合流体的比热容、汽化潜热和焓很难直接查到，工程上常采用加权平均法近似计算，即

$$B_m = \sum (B_i x_i) \tag{3-19}$$

x_i 为混合物中 i 组分的分数，c_p 或 r 或 H 如果是以 kg 计，用质量分数；如果是以 kmol 计，则用摩尔分数。

三、传热推动力的计算

在传热基本方程中，Δt_m 为换热器的平均传热温度差（或称为平均传热推动力）。

换热器中两流体间的流动型式：

并流——两流体的流动方向相同；

逆流——两流体的流动方向相反；

错流——两流体的流动方向垂直交叉；

简单折流——一流体沿一方向流动，另一流体先沿一个方向流动，然后折回以相反方向流动，或反复地作折流流动；

复杂折流——两流体均作折流流动，或既有折流，又有错流。

1. 恒温传热时的平均传热温度差

当两流体在换热过程中均只发生相变时，热流体温度 T 和冷流体温度 t 都始终保持不变，称为恒温传热。

计算方法：可取任一传热截面上的温度差，即 $\Delta t_m = T - t$。

2. 变温传热时的平均传热温度差

间壁一侧或两侧的流体温度沿换热器管长而变化，称为变温传热。

计算方法：

(1) 并、逆流时的平均传热温度差

$$\Delta t_m = \frac{\Delta t_1 - \Delta t_2}{\ln \dfrac{\Delta t_1}{\Delta t_2}} \tag{3-20}$$

式中，Δt_1、Δt_2 分别为换热器两端热、冷流体的温度差。当 $\dfrac{1}{2} \leqslant \dfrac{\Delta t_1}{\Delta t_2} \leqslant 2$ 时，可近似用算术平均值 $(\Delta t_1 + \Delta t_2)/2$ 代替对数平均值。

(2) 错、折流时的平均传热温度差　通常的求取方法是先按逆流计算对数平均温度差 $\Delta t'_m$，再乘以校正系数 $\varphi_{\Delta t}$，即

$$\Delta t_m = \varphi_{\Delta t} t'_m \tag{3-21}$$

式中，$\varphi_{\Delta t}$ 为温度差校正系数，根据 R 和 P 两个参数查图获得。

$$P = \frac{t_2 - t_1}{T_1 - t_1} \tag{3-21a}$$

$$R = \frac{T_1 - T_2}{t_2 - t_1} \tag{3-21b}$$

四、传热系数的获取方法

1. 取经验值
2. 现场测定

先测定有关数据，如设备的尺寸、流体的流量和进出口温度等，然后求得传热速率 Q、传热温度差 Δt 和传热面积 S，再由传热基本方程计算 K 值。

3. 公式计算

可利用串联热阻叠加原理导出。对于列管或套管换热器，忽略管壁内外表面积的差异和污垢热阻，有

$$\frac{1}{K} = \frac{1}{\alpha_i} + \frac{b}{\lambda} + \frac{1}{\alpha_0} \tag{3-22}$$

或

$$K = \frac{1}{\dfrac{1}{\alpha_i} + \dfrac{b}{\lambda} + \dfrac{1}{\alpha_0}} \tag{3-22a}$$

考虑污垢的热阻，有

$$\frac{1}{K} = \frac{1}{\alpha_i} + R_{si} + \frac{b}{\lambda} + R_{so} + \frac{1}{\alpha_0} \tag{3-23}$$

或

$$K = \frac{1}{\dfrac{1}{\alpha_i} + R_{si} + \dfrac{b}{\lambda} + R_{so} + \dfrac{1}{\alpha_0}} \tag{3-23a}$$

式中，下标 i 表示内壁（或管内），o 表示外壁（或管外）。

五、强化传热与削弱传热

1. 强化传热

(1) 增大传热面积　简单地增大设备尺寸会使设备体积增大，设备费用增大。从改进设备结构入手，增加单位体积的传热面，可使设备更加紧凑，结构更加合理。

(2) 提高传热推动力　改变两流体的温度大小及流动形式，如采用逆流操作或增加壳程数。

(3) 提高传热系数　应具体问题具体分析，抓住主要矛盾，设法减少所占比例最大的分热阻。

2. 削弱传热

具体方法是在设备或管道的表面敷以热导率较少的材料（称为隔热材料）。

六、工业加热与冷却的方法

1. 加热剂与加热方法

(1) 水蒸气　通常使用饱和水蒸气，在蒸汽过热程度不大（过热 20~30℃）的条件下，允许使用过热蒸汽。

水蒸气的两种加热方法：

① 直接蒸汽加热时，水蒸气直接引入被加热介质中，并与介质混合。适用于允许被加热介质和蒸汽的冷凝液混合的场合。

② 间接蒸汽加热时，通过换热器的间壁传递热量。

(2) 热水　一般用于 100℃ 以下场合。

(3) 高温有机物　将工艺流体加热到 400℃ 的范围内，可使用液态（或气态）高温有机物作加热剂。

(4) 无机熔盐　当加热到 550℃ 时可用。

2. 冷却剂和冷却方法

(1) 要得到 10~30℃ 的冷却温度，最普遍使用的是水和空气。

(2) 要冷却到 0℃ 左右，常用冷冻盐水。

(3) 为得到更低的冷却温度或更好的冷却效果，还可使用沸点更低的制冷剂，并要借助于制冷技术。

例 题 解 析

【例 3-5】 用潜热法计算流体间的传热量（　　）。

A. 仅适用于相态不变而温度变化的情况
B. 仅适用于温度不变而相态变化的情况
C. 仅适用于既有相变化，又有温度变化的情况
D. 以上均错误

分析　物质在相态不变而温度变化时吸收或放出的热量，称为显热，用显热法计算，而不能用潜热法计算。流体温度不变而相态发生变化时吸收或放出的热量，称为潜热，用潜热法计算，而不能用显热法计算。

答　B。

【例 3-6】 热负荷（　　）。

A. 一定等于传热速率　　　　B. 一定小于传热速率
C. 可大于传热速率　　　　　D. 可小于或等于传热速率

分析　本题考查的是对热负荷和传热速率的概念及其相互关系的理解。热负荷是换热器

中冷、热两股流体间每单位时间所交换的热量,取决于生产任务,是要求换热器具有的换热能力。传热速率是换热器单位时间内能够传递的热量,是换热器本身的换热能力,主要由换热器自身的性能决定。在选型(或设计)中考虑到换热器在生产过程中性能的变化(如污垢热阻等),其传热速率必须大于热负荷。但在实际使用时,只要传热速率大于或至少等于热负荷,即可保证完成生产任务。

答 D。

【例 3-7】 试计算压力为 147.1kPa(绝压)、流量为 1500kg/h 的饱和水蒸气冷凝并降温至 50℃时放出的热量。

分析 本题要求计算流体既有相态变化,又有温度变化时的传热量。有两种计算方法:一是把显热法和潜热法联合起来求其传热量;二是用焓差法计算。

解一 已知 $q_{mh}=1500\text{kg/h}=\dfrac{5}{12}\text{kg/s}$,$T_2=50℃$,$p_{饱}=147.1\text{kPa}$。

从附录八查得 147.1kPa(绝压)时,饱和水蒸气的温度 $T_1=110.55℃$,水的汽化热(潜热)$r_h=2230.78\text{kJ/kg}$;从附录五查得在平均温度 $\dfrac{110.55+50}{2}=80.3℃$ 时,水的定压比热容 $c_{ph}=4.1946\text{kJ/(kg·℃)}$。

设水在冷凝时放出热量为 Q',在降温时放出的热量为 Q'',则有

$$Q=Q'+Q''=q_{mh}r_h+q_{mh}c_{ph}(T_1-T_2)$$
$$=\dfrac{5}{12}\times 2230.78\times 10^3+\dfrac{5}{12}\times 4.1946\times 10^3\times(110.55-50)$$
$$=1035318\text{W}=1035.318\text{kW}$$

解二 已知 $q_{mh}=1500\text{kg/h}=\dfrac{5}{12}\text{kg/s}$,$T_2=50℃$,$p_{饱}=147.1\text{kPa}$。从附录八或附录五查得 147.1kPa(绝压)时,饱和水蒸气的焓 $H_{h1}=2694.23\text{kJ/kg}$;50℃时液体水的焓 $H_{h2}=209.34\text{kJ/kg}$,则

$$Q=q_{mh}(H_{h1}-H_{h2})=\dfrac{5}{12}\times(2694.23\times 10^3-209.34\times 10^3)$$
$$=1035371\text{W}=1035.371\text{kW}$$

说明

1. 流体有关物理量定压比热容 c_p、汽化热(潜热)r、焓 H 的查取方法

(1) 从水的物理性质的列表(附录五)中,可根据水的饱和蒸气压查取其饱和温度(或反之);根据水的温度查取液态水的定压比热容或焓。

(2) 从饱和水蒸气表(附录七、附录八)中也可根据水的饱和蒸气压查取水蒸气的温度(或反之);根据水的饱和蒸气压或水蒸气的温度查取该温度下液态水或水蒸气的焓及水的汽化热。

(3) 从液体和气体的比热容共线图(附录十四、附录十五)可查取多种液体或气体(包括水和水蒸气)的定压比热容;从蒸发潜热(汽化热)共线图(附录十六)可查取多种液体(包括水)的潜热(注意:蒸发潜热共线图中的左纵坐标是液体的临界温度 t_c 和实际温度 t 的差值)。

一般查列表比查共线图方便且较准确(如无列表数据,则去查共线图)。在本例中均用查列表的方法。由于列表中各种物性数据都是有一定温度间隔的,查取时可用"内插法"进

行计算。如：饱和蒸气压为 140.0kPa（绝压）时水蒸气的温度为 109.2℃、160.0kPa（绝压）时为 113.0℃，则 147.1kPa（绝压）时水蒸气的温度为

$$109.2+\frac{147.1-140.0}{160.0-140.0}\times(113.0-109.2)=110.55℃$$

再如：绝压为 140.0kPa 的饱和水蒸气的汽化热为 2234.2kJ/kg、160.0kPa 时汽化潜热为 2224.2kJ/kg，则 147.1kPa 时的饱和水蒸气的汽化热为

$$2234.4-\frac{147.1-140.0}{160.0-140.0}\times(2234.4-2224.2)=2230.78kJ/kg$$

其他的如水的定压比热容或液态水和水蒸气的焓等均可按此方法查取计算。

2. 两种方法计算结果不一致的问题

用显热法和潜热法联合起来计算的结果与只用焓差法计算的结果不很一致，有时甚至有较大差别，其主要原因是用显热法计算时用的是平均温度下的比热容。

焓是物理化学中的一个基本概念，是热力学函数之一。在等压条件下有

$$\Delta H = H_1 - H_2 = Q_P$$

通常气体和液体的焓是取 273K 为计算基准，即规定 273K 的液体（或气体）的焓为零，蒸汽的焓则取 273K 的液体的焓为零作计算标准。上式中，若取 H_2 为 0℃ 水的焓，则 H_1（即列表中的焓值）为在等压条件下将 0℃ 的水加热到一定状态时所吸收的热量。从理论上说，用焓差法计算的传热量是准确值。

在本例中，虽然焓的值也用"内插法"来查取和计算，但因内插时两边温度间隔较少，所以仍比用显热法和潜热法联合起来求算的结果要准确些。只不过通常物质焓的数值比起比热容和汽化热的数值不易查到，所以相对来说，焓差法没有显热法和潜热法那样常用。

【例 3-8】 在套管换热器内用 0.16MPa 的饱和水蒸气加热空气，饱和水蒸气的消耗量为 10.0kg/h，冷凝后进一步冷却到 100℃，空气流量为 420kg/h，进出口温度分别为 30℃ 和 80℃。空气走管程，水蒸气走壳程。试求：①热损；②换热器的热负荷。

分析 本题已知热流体的消耗量和饱和蒸气压及冷凝并冷却后的温度，即可算出热流体的传热量；已知冷流体的质量流量和进出口温度，即可算出冷流体的传热量。热损为两流体传热量之差。因为冷流体走管程，则在换热器单位时间内冷、热两流体交换的热量应为冷流体吸收的热量，即为换热器的热负荷。

因为热流体在换热过程中既有相态变化又有温度变化，所以其传热量既可用显热法和潜热法联合起来计算，也可只用焓差法计算。

解 1. 求水蒸气的传热量

（1）用显热法和潜热法联合计算

已知水蒸气的饱和蒸气压为 0.16MPa，$q_{mh}=10$kg/h$=\frac{10}{3600}$kg/s，$T_2=100℃$，查附录八得 0.16MPa 时，饱和水蒸气的温度 $T_1=113℃$，汽化热 $r_h=2224.2$kJ/kg；查附录五得在平均温度 $T_m=\frac{113+100}{2}=106.5℃$ 时，液态水的比热容 $c_{ph,m}=4.23$kJ/(kg·℃)。则

$$\begin{aligned}Q_h &= q_{mh}r_h + q_{mh}c_{ph,m}(T_1-T_2) \\ &= \frac{10}{3600}\times 2224.2\times 10^3 + \frac{10}{3600}\times 4.23\times 10^3\times(113-100) \\ &= 6330W = 6.33kW\end{aligned}$$

(2) 用焓差法计算

已知 $p_饱=147.1\text{kPa}$，$q_{mh}=10\text{kg/h}=\dfrac{10}{3600}\text{kg/s}$，$T_2=100℃$。查附录八得 0.16MPa 时水的饱和蒸气的焓 $H_{h1}=2698.1\text{kJ/kg}$；100℃时液态水的焓 $H_{h2}=418.68\text{kJ/kg}$，则

$$Q_h=q_{mh}(H_{h1}-H_{h2})$$
$$=\dfrac{10}{3600}\times(2698.1\times10^3-418.68\times10^3)$$
$$=6330\text{W}=6.33\text{kW}$$

2. 求空气的传热量

已知 $q_{mc}=420\text{kg/h}=\dfrac{420}{3600}\text{kg/s}$，$t_1=30℃$，$t_2=80℃$。查附录四得在平均温度 $t_m=\dfrac{30+80}{2}=55℃$ 下，空气的比热容 $c_{pc,m}=1.005\text{kJ/(kg·℃)}$。

$$Q_c=q_{mc}c_{pc,m}(t_2-t_1)$$
$$=\dfrac{420}{3600}\times1.005\times10^3\times(80-30)$$
$$=5860\text{W}=5.86\text{kW}$$

3. 求热损和换热器的热负荷

热损 $\quad Q_L=Q_h-Q_c=6.33-5.86=0.47\text{kW}$

换热器的热负荷 $\quad Q=Q_c=5.86\text{kW}$

【例 3-9】 在换热器中，欲将 2000kg/h 含乙烯质量分数 0.8 的乙烯、乙烷混合气体从 100℃冷却到 50℃，冷却水进口温度为 20℃，出口温度为 30℃。热损失为混合气体放出热量的 3%。试求该过程冷却水的消耗量。

分析 在解本题的过程中，有两个问题比较重要，一是求算混合气体的比热容。求算方法是先查出乙烷和乙烯在气体比热容共线图中的编号点，因在 273~473K 范围内，故乙烷、乙烯的编号分别为 3 和 4；再在温度坐标轴中找出平均温度坐标点，然后分别连接平均温度坐标点和两编号点并延长至比热容坐标轴，读出两交点的坐标值；最后用加权平均法计算混合气体的近似平均比热容。二是确定冷却水吸收的热量。冷却水吸收的热量应为混合气体传热量的 1-3%=97%。

解 已知 $q_{mh}=2000\text{kg/h}=\dfrac{2000}{3600}\text{kg/s}$，$w_{乙烷}=0.2$，$w_{乙烯}=0.8$，$T_1=100℃$，$T_2=50℃$。在气体比热容共线图（附录十五）中查得 $T_m=\dfrac{100+50}{2}=75℃$ 时，乙烷的比热容 $c_{ph,乙烷}=2.08\text{kJ/(kg·K)}$，乙烯的比热容 $c_{ph,乙烯}=1.9\text{kJ/(kg·K)}$。

$$c_{ph,m}=w_{乙烷}c_{ph,乙烷}+w_{乙烯}c_{ph,乙烯}$$
$$=0.2\times2.08+0.8\times1.9$$
$$=1.94\text{kJ/(kg·K)}$$
$$Q_h=q_{mh}c_{ph,m}(T_1-T_2)$$
$$=\dfrac{2000}{3600}\times1.94\times10^3\times(100-50)$$
$$=53900\text{W}=53.9\text{kW}$$

$$Q_c = Q_h - Q_{损} = Q_h - 3\% Q_h$$
$$= 53.9 - 3\% \times 53.9 = 50.1 \text{kW}$$

已知 $t_1 = 20℃$，$t_2 = 30℃$。从附录五查得在平均温度 $t_m = \dfrac{20+30}{2} = 25℃$ 时，水的比热容 $c_{pc} = 4.179 \text{kJ/(kg·℃)}$，所以

$$q_{mc} = \dfrac{Q_c}{c_{pc}(t_2 - t_1)}$$
$$= \dfrac{50.1 \times 10^3}{4.179 \times 10^3 \times (30-20)}$$
$$= 1.2 \text{kg/s}$$

【例 3-10】 在一套管换热器内，热流体温度由 90℃ 冷却到 70℃，冷流体温度由 20℃ 上升到 60℃，试分别计算两流体作并流和逆流时的平均温度差。

分析 换热器中，冷、热两流体均变温情况下，并、逆流时的平均温度差的计算方法相同，即先计算换热器两端的温度差 Δt_1 和 Δt_2。当 $\dfrac{1}{2} \leqslant \dfrac{\Delta t_1}{\Delta t_2} \leqslant 2$ 时，可近似用算术平均值 $(\Delta t_1 + \Delta t_2)/2$ 代替对数平均值。虽然随意取那一端的温度差为 Δt_1 或 Δt_2，最后的计算结果是一样的，但应取温度差大的一端为 Δt_1，小的一端为 Δt_2。冷、热流体的温度均取进口为 t_1 或 T_1，出口为 t_2 或 T_2。

解 并流时
$$T_1 = 90℃, \quad T_2 = 70℃;$$
$$t_1 = 20℃, \quad t_2 = 60℃;$$
$$\Delta t_1 = T_1 - t_1 = 90 - 20 = 70℃,$$
$$\Delta t_2 = T_2 - t_2 = 70 - 60 = 10℃。$$

所以
$$\Delta t_m = \dfrac{\Delta t_1 - \Delta t_2}{\ln(\Delta t_1/\Delta t_2)} = \dfrac{70-10}{\ln(70/10)} = 30.8℃$$

逆流时
$$T_1 = 90℃, \quad T_2 = 70℃;$$
$$t_2 = 60℃, \quad t_1 = 20℃;$$
$$\Delta t_1 = T_2 - t_1 = 70 - 20 = 50℃,$$
$$\Delta t_2 = T_1 - t_2 = 90 - 60 = 30℃。$$

所以
$$\Delta t_m = \dfrac{\Delta t_1 - \Delta t_2}{\ln(\Delta t_1/\Delta t_2)} = \dfrac{50-30}{\ln(50/30)} = 39.2℃$$

由于 $\dfrac{\Delta t_1}{\Delta t_2} = \dfrac{50}{30} < 2$，所以也可近似取两者的算术平均值，即

$$\Delta t_m = \dfrac{\Delta t_1 + \Delta t_2}{2} = \dfrac{50+30}{2} = 40℃$$

【例 3-11】 在一台单壳程 4 管程列管式换热器中用水来冷却热油。油进口温度为 120℃，出口温度为 40℃，冷却水进口温度为 15℃，出口温度为 32℃，水走管程，油走壳程。试求平均传热温度差。

分析 在多管程或多壳程多管程换热器中，由于两流体的流动情况是比较复杂的折流或

错流，不能像计算并、逆流那样推导其平均温度差的计算公式。通常的求取方法是先按逆流计算对数平均温度差 $\Delta t'_m$，再乘以校正系数 $\varphi_{\Delta t}$。无论壳程多少，每个壳程内的管程可以是 2、4、6、8 程等。凡壳程相同，其校正系数的查取方法也相同。错流和折流的平均温度差总是少于逆流的平均温度差，所以 $\varphi_{\Delta t}$ 恒少于 1。但为了提高传热效率，通常换热器的 $\varphi_{\Delta t}$ 必须大于 0.8。

解 已知 $T_1=120℃$，$T_2=40℃$；
$t_2=32℃$，$t_1=15℃$；

有 $\Delta t_1 = T_1 - t_2 = 120 - 32 = 88℃$，
$\Delta t_2 = T_2 - t_1 = 40 - 15 = 25℃$.

所以 $$\Delta t'_m = \frac{\Delta t_1 - \Delta t_2}{\ln(\Delta t_1/\Delta t_2)} = \frac{88-25}{\ln(88/25)} = 50℃$$

$$R = \frac{T_1 - T_2}{t_2 - t_1} = \frac{120-40}{32-15} = 4.71$$

$$P = \frac{t_2 - t_1}{T_1 - t_1} = \frac{32-15}{120-15} = 0.162$$

由单壳程的 $\varphi_{\Delta t}$ 与 R、P 关系图查得 $\varphi_{\Delta t} = 0.89$，
所以 $\Delta t_m = \varphi_{\Delta t} \Delta t'_m = 0.89 \times 50 = 44.5℃$

【例 3-12】 用水蒸气在列管换热器中加热某盐溶液，水蒸气走壳程。为强化传热，下列措施中最为经济有效的是（　　）。

A. 增大换热器尺寸以增大传热面积　　B. 在壳程设置折流挡板
C. 改单管程为双管程　　　　　　　　D. 减少传热壁面厚度

分析 强化传热，就是设法提高换热器的传热速率。从传热基本方程 $Q = KS\Delta t_m$ 可看出增大传热面积 S，提高传热推动力 Δt_m 以及提高传热系数 K 都可达到强化传热的目的。但单靠增大设备尺寸来增大传热面积，设备费用增加，不经济。减少传热壁面厚度虽可减少壁面的热阻，提高传热系数，但因为壁面的热阻本来就很少，所以不很有效。水蒸气冷凝跟盐溶液被加热相比，对流传热系数 α 值大得多，增大盐溶液的对流传热系数，可更有效地减少传热总热阻，提高总传热系数 K，提高换热器的传热速率。盐溶液走管程，改单管程为双管程，可提高盐溶液的流速，从而增大盐溶液的对流传热系数，虽然设备费用也有所增加，但在本例的四种措施中仍最为经济有效。

答 C。

【例 3-13】 有一用 $\phi 25mm \times 2mm$ 的无缝钢管 $[\lambda = 46.5 W/(m \cdot K)]$ 制成的列管换热器，管内通以冷却水，$\alpha_i = 400 W/(m^2 \cdot K)$，管外为饱和水蒸气冷凝，$\alpha_o = 1000 W/(m^2 \cdot K)$，由于换热器刚投入使用，污垢热阻可以忽略。试计算：

① 传热系数 K；
② 其他条件不变，将 α_i 提高一倍后，K 值增大的百分比；
③ 其他条件不变，将 α_o 提高一倍后，K 值增大的百分比；
④ 当换热器使用一段时间后，形成了垢层，取水的污垢热阻 $R_{si} = 0.58 m^2 \cdot K/kW$，水蒸气的 $R_{so} = 0.09 m^2 \cdot K/kW$，在其他条件不变的情况下，$K$ 值下降的百分比。

分析 1. 由于壁面较薄，可忽略管壁内、外表面积的差异。换热器刚投入使用时，污垢热阻可忽略，有 $R_{si} = R_{so} = 0$。

2. 换热器使用一段时间后，形成了垢层，计算时应注意将垢层热阻的单位由 $m^2 \cdot K/kW$ 换算成 $m^2 \cdot K/W$。

解 ① 已知 $b=2mm=0.002m$，$\lambda=46.5W/(m \cdot K)$，$\alpha_i=400W/(m^2 \cdot K)$，$\alpha_o=10000W/(m^2 \cdot K)$。忽略管壁内、外面积的差异和污垢热阻，有

$$K=\frac{1}{\frac{1}{\alpha_i}+\frac{b}{\lambda}+\frac{1}{\alpha_o}}$$

$$=\frac{1}{\frac{1}{400}+\frac{0.002}{46.5}+\frac{1}{10000}}=378.4W/(m^2 \cdot K)$$

② 其他条件不变，将 α_i 提高一倍，有

$$K'=\frac{1}{\frac{1}{2\times 400}+\frac{0.002}{46.5}+\frac{1}{10000}}=717.9W/(m^2 \cdot K)$$

增大百分比为

$$\frac{K'-K}{K}\times 100\%=\frac{717.9-378.4}{378.4}\times 100\%=89.7\%$$

③ 其他条件不变，将 α_o 提高一倍。

$$K''=\frac{1}{\frac{1}{400}+\frac{0.002}{46.5}+\frac{1}{2\times 10000}}=385.7W/(m^2 \cdot K)$$

增大百分比为

$$\frac{K''-K}{K}\times 100\%=\frac{385.7-378.4}{378.4}\times 100\%=1.9\%$$

④ 已知 $R_{si}=0.58m^2 \cdot K/kW=0.00058m^2 \cdot K/W$，$R_{so}=0.09m^2 \cdot K/kW=0.00009m^2 \cdot K/W$，其他条件不变

$$K'''=\frac{1}{\frac{1}{\alpha_i}+R_{si}+\frac{b}{\lambda}+R_{so}+\frac{1}{\alpha_o}}$$

$$=\frac{1}{\frac{1}{400}+0.00058+\frac{0.002}{46.5}+0.00009+\frac{1}{10000}}=301.8W/(m^2 \cdot K)$$

降低百分比为

$$\frac{K-K'''}{K}\times 100\%=\frac{378.4-301.8}{378.4}\times 100\%=20.2\%$$

习 题

一、填空题

1. 间壁式换热器中热量传递过程为_____流体以_____传热方式将热量传递给壁面一侧，壁面以_____方式将热量传到壁面另一侧，再以_____传热方式传给

_____流体。

2. 间壁式换热器中传热速率与传热_____成正比，与传热_____成反比。

3. 化工过程的传热问题可分为两类：一类是_____型问题；另一类是_____型问题。

4. 流体传热量的计算方法有：(1)_____的计算；(2)_____的计算；(3)_____法计算。

5. 换热器中两流体的流动形式有：_____流、_____流、_____流和_____流等。

6. 传热系数 K 的单位是_____，其获取方法有：(1) 取_____值；(2)_____测定；(3)_____。

7. 强化传热的途径有：(1) 增大_____；(2) 提高_____；(3) 提高_____。

8. 降低_____与_____之间的传热速率，即削弱传热。

9. 对保温结构的基本要求：(1) 保温绝热_____；(2) 有足够的_____；(3) 有良好的_____；(4) 结构_____，材料消耗量_____，价格_____，易于施工等。

10. 化工生产中常用的加热剂有：水_____、_____水、高温_____物、无机_____等。此外还可以用_____金属、_____气和_____等来加热。

二、判断题

1. 热负荷是对换热器换热能力的要求，传热速率是换热器本身具有的生产能力。(   )

2. 换热器还未选定或设计出来之前无法确定传热速率，但可计算热负荷。(   )

3. 用显热法可用于物质无相变或有相变时的传热量的计算。(   )

4. 变温传热时，冷、热流体的温度都在变化。(   )

5. 冷、热流体间的平均温度差即流体进出口温度差的算术平均值。(   )

三、选择题

1. 热负荷等于 (   )。

A. 传热速率　　　　　　　　B. 热流体的传热量

C. 壳程流体的传热量　　　　D. 冷、热流体之间交换的热量

2. 生产中为提高传热推动力尽量采用 (   )。

A. 逆流　　　B. 并流　　　C. 错流　　　D. 折流

3. 若管壁的污垢热阻可忽略不计，管内、外侧对流传热系数分别为 $200 W/(m^2 \cdot K)$ 和 $300 W/(m^2 \cdot K)$。则传热系数 K 为 (   ) $W/(m^2 \cdot K)$。

A. 500　　　B. 0.0083　　　C. 120　　　D. 0.02

4. 不能强化传热的是 (   )。

A. 增加传热面积

B. 降低加热蒸汽压强

C. 设计特殊壁面，使流体在流动过程中不断改变流动方向

D. 降低冷却水温度或增加其流量

5. 能显著提高传热速率的是 (   )。

A. 尽量减少管壁的厚度

B. 定期检查除垢

C. 间壁两侧对流传热系数相差很大时，增加对流传热系数大的那一侧流体的流速

D. 间壁两侧对流体热系数相差很小时，增加对流体热系数小的那一侧流体的流速

四、计算题

1. 求下列情况下载热体的传热量：

(1) 1500kg/h 的硝基苯从 80℃冷却到 20℃。
(2) 50kg/h 400kPa 的饱和蒸汽冷凝后又冷却至 60℃。

2. 在一精馏塔的塔顶冷凝器中，用 30℃的冷却水将 100kg/h 的乙醇-水蒸气（饱和状态）冷凝成饱和液体，其中乙醇含量为 92%（质量分数），水为 8%，冷却水的出口温度为 40℃。忽略热损失，试求该过程的冷却水消耗量。

3. 用一列管换热器来加热某溶液，加热剂为热水。拟定水走管程，溶液走壳程。已知溶液的平均比热容为 3.05kJ/(kg·K)，进出口温度分别为 35℃和 60℃，其流量为 600kg/h；水的进出口温度分别为 90℃和 70℃。若热损失为热流体放出热量的 5%，试求热水的消耗量和该换热器的热负荷。

4. 在一釜式列管换热器中，用 280kPa 的饱和水蒸气加热并汽化某液体（水蒸气仅放出冷凝潜热）。液体的比热容为 4.0kJ/(kg·K)，进口温度为 50℃，其沸点为 88℃，汽化潜热为 2200kJ/kg，液体的流量为 1000kg/h。忽略热损失，求加热蒸汽消耗量。

5. 在一列管换热器中,两流体呈并流流动。热流体进出口温度为130℃和65℃,冷流体进出口温度为32℃和48℃,求换热器的平均温度差。若将两流体改为逆流,维持两流体的流量和进口温度不变,求此时换热器的平均温度差及两流体的出口温度。

6. 用一单壳程四管程的列管换热器来加热某溶液,使其从30℃加热至50℃,加热剂则从120℃下降至45℃。试求换热器的平均温度差。

7. 接触法硫酸生产中用氧化后的高温SO_3混合气(走管程)预热原料气(SO_2及空气混合物),已知列管换热器的传热面积为90m^2,原料气进口温度为300℃,出口温度为430℃,SO_3混合气进口温度为560℃,两种流体的流量均为10000kg/h,热损失为原料气所得热量的6%。设两种气体的比热容均可取为1.05kJ/(kg·K),且两流体可近似作为逆流处理。求:(1) SO_3混合气的出口温度;(2) 传热系数。

8. 在某列管换热器中，管子为 $\phi25\text{mm}\times2.5\text{mm}$ 的钢管，管内外流体的对流传热系数分别为 $200\text{W}/(\text{m}^2\cdot\text{K})$ 和 $2500\text{W}/(\text{m}^2\cdot\text{K})$，不计污垢热阻。试求：

(1) 此时的传热系数；

(2) 将 α_i 提高一倍时（其他条件不变）的传热系数；

(3) 将 α_o 提高一倍时（其他条件不变）的传热系数。

9. 在上题中，换热器使用一段时间后，产生了污垢，两侧污垢热阻均为 $1.72\times10^{-3}\text{m}^2\cdot\text{K/W}$，若仍维持对流传热系数为 $200\text{W}/(\text{m}^2\cdot\text{K})$ 和 $2500\text{W}/(\text{m}^2\cdot\text{K})$ 不变，试求传热系数下降的百分比。

10. 为了测定套管中甲苯冷凝器的传热系数，测得实验数据如下：冷却器传热面积为 2.8m^2，甲苯的流量为 2000kg/h，由 80℃ 冷却到 40℃；冷却水从 20℃ 升高到 30℃，两流体呈逆流流动。试求所测得的传热系数为多少，水的流量为多少？

11. 某列管换热器用 100℃ 水蒸气将物料由 20℃ 加热至 80℃，传热系数为 $2000\text{W}/(\text{m}^2\cdot\text{K})$，经半年运转后，由于污垢的影响，在相同操作条件下，物料出口温度仅为 70℃，现欲使物料出口温度仍维持在 80℃，问加热蒸汽温度应提高至多少？

第四节 换 热 器

知 识 要 点

一、换热器的分类（除按换热方法不同分类外）

1. 按用途分类

加热器，预热器，过热器，蒸发器，再沸器，冷却器，冷凝器。

2. 按传热面形状和结构分类

管式，板式，特殊形式换热器。

3. 按所用材料分类

金属材料，非金属材料换热器。

二、换热器基本结构与主要性能特点

1. 管式换热器

（1）列管式换热器　优点：结构简单，坚固，用材广泛，处理能力大，适用性强。

① 固定管板式换热器

a. 结构特点：两块管板分别焊在壳体两端，管束两端固定在两管板上。

b. 优点：结构简单、紧凑，管内便于清洗。

c. 缺点：壳程不能进行机械清洗，当壳体与换热管的温差较大时，产生温差应力具有破坏作用。

d. 适用于：壳程流体清洁且不结垢，两流体温差不大或温差较大但壳程压力不高的场合。

② 浮头式换热器

a. 结构特点：两端管板之一不与壳体固定连接，可在壳体内沿轴向自由伸缩。

b. 优点：不会产生温差应力；便于进行管内和管间的清洗。

c. 缺点：结构复杂，用材量大，造价高。

d. 适用于：壳体与管束温差较大或壳程流体容易结垢的场合。

③ U形管式换热器

a. 结构特点：只有一个管板，管子成U形，管子两端固定在同一管板上。

b. 优点：结构简单，运行可靠，造价低，管间清洗方便。

c. 缺点：管内清洗困难，可排管子数少，壳程易短路。

d. 适用于：管、壳程温差较大或壳程介质易结垢而管程介质不易结垢的场合。

④ 填料式换热器

a. 结构特点：管板只有一端与壳体固定，另一端采用填料函密封。

b. 优点：较浮头式换热器简单，造价低。

c. 缺点：填料函耐压不高，壳程介质可能外漏。

d. 适用于：管、壳程温差较大或介质易结垢且壳程压力不高的场合。

⑤ 釜式换热器

a. 结构特点：在壳体上部设置蒸发空间。

b. 优点：清洗方便，并能承受高温高压。

c. 适用于：液-气式换热，可作为简单的废热锅炉。

(2) 套管换热器

① 基本结构：由两种直径不同的直管套在一起组成同心套管，然后将若干段这样的套管连接而成。

② 优点：结构简单，能耐高压，传热面积可增减。

③ 缺点：单位传热面积金属耗量大，接头多，检修清洗不方便。

④ 适用于：高温、高压及流量较少的场合。

(3) 蛇管换热器

① 沉浸式蛇管换热器

a. 结构与换热方式：通常以金属管弯绕而成，沉浸在容器内的液体中，管内流体与容器内液体隔着管壁进行换热。

b. 优点：结构简单，造价低，便于防腐，耐高压。

c. 缺点：管外对流传热系数少，常需加搅拌装置。

② 喷淋式蛇管换热器

a. 结构与换热方式：把若干直管水平排列于同一垂直面上，上、下相邻两管用U形肘管连接。被冷却流体在管内流动，冷却水从蛇管上方均匀喷洒在各排蛇管上并沿管外表面淋下。

b. 优点：与沉浸式相比检修清洗方便，传热效果好。

c. 缺点：体积庞大，占地面积多。

d. 适用于：场地充足，不怕水滴飞溅的场合。

(4) 翅片管换热器

① 结构特点：在换热管的外表面或内表面或同时装有许多翅片。

② 优点：可增加传热效率。

2. 板式换热器

(1) 夹套式换热器

① 结构与换热方式：由一个装在容器外部的夹套构成，容器内的物料和夹套内的加热剂或冷却剂隔着器壁进行换热。

② 优点：结构简单，易制造，可与反应器或容器构成一个整体。

③ 缺点：传热面积小，传热效率低，夹套内部清洗困难。

(2) 平板式换热器

① 结构：由若干块长方形薄金属板叠加排列，夹紧组装于支架上构成。

② 优点：结构紧凑，单位体积传热面积大；组装灵活；流体湍动程度强，有较高的传热速率；装拆方便，有利于清洗和维修。

③ 缺点：处理量小，操作压力和温度不能过高。

④ 适用于：需要经常清洗，工作环境要求十分紧凑，操作压力在2.5MPa以下，温度在－35~200℃的场合。

(3) 螺旋板式换热器

① 结构及换热方式：由焊在中心隔板上的两块金属薄板卷制而成，两薄板之间形成螺旋形通道，两端用盖板焊死。两流体分别在两通道内流动，隔着薄板进行换热。

② 优点：结构紧凑，单位体积传热面积大，流体作严格逆流，可在较小温度差下操作；允许选择高速，传热系数大，污垢不易沉积。

③ 缺点：制造检修较困难，流动阻力大，操作压强和温度不能太高。
（4）板翅式换热器
① 结构：为单元体叠加结构，基本单元体由翅片、隔板及封条组成，可构成具有逆流、错流或错逆流等多种形式。
② 优点：结构紧凑，单位体积传热面积大；轻巧坚固；传热系数很高；温度使用范围广；允许操作压力较高。
③ 缺点：易堵塞，流动阻力大；清洗检修困难。
④ 适用于：介质洁净，同时对铝不腐蚀的场合。
（5）热板式换热器
① 结构：结构单元为热板，是将两层或多层金属平板点焊或滚焊成各种图形，并将边缘焊接密封成一体。
② 优点：流动阻力小，传热效率高，根据需要可做成各种形状。
③ 可用于：加热、保温、干燥、冷凝等多种场合。
3. 热管换热器
（1）结构　用一种称为热管的新型换热元件组合而成。吸液芯热管是在一根密闭的金属管内充以适量的工作液，紧靠管子内壁处装有金属丝网或纤维等多孔物质，称为吸液芯。金属沿轴向分成蒸发段、绝热段和冷凝段等三段。
（2）优点　传热能力大，结构简单，工作可靠。
（3）特别适用于　低温差传热的场合。

三、换热器的选型原则

1. 列管换热器的系列标准
（1）主要基本参数
（2）型号表示方法
2. 选用或设计时应考虑的问题
（1）流径的选择　指管程和壳程分别走哪一种流体。
（2）流速的选择　需全面考虑，既要进行经济权衡，又要兼顾结构、清洗等其他方面的要求。
（3）冷却剂（或加热剂）终温的选择
（4）管子规格与管间距的选择
（5）管程数与壳程数的确定
（6）折流挡板的选用
（7）外壳直径的确定
（8）流体通过换热器的流动阻力（压强降）的计算
3. 选型（设计）的一般步骤
① 确定基本数据。
② 确定流体在换热器内的流动途径。
③ 确定并计算热负荷。
④ 先按单壳程，偶数管程计算平均温度差，并根据温度差校正系数不小于 0.8 的原则确定壳程数或调整冷却剂（或加热剂）的出口温度。
⑤ 根据两流体的温度差和设计要求确定换热器的形式。

⑥ 选取总传热系数 $K_选$ 值，由总传热速率方程初算传热面积，以此选定换热器的型号或确定基本尺寸，并确定实际换热面积 $S_实$，计算在 $S_实$ 下所需传热系数 $K_需$。

⑦ 计算压降。若不符合要求，调整管程数和折流板间距，或选择其他型号的换热器，直至压降满足要求。

⑧ 核算总传热系数。计算管、壳程的对流传热系数，确定污垢热阻，再计算总传热系数 $K_计$，由传热基本方程求出所需传热面积 $S_需$，再与换热器的实际换热面积 $S_实$ 比较，若 $S_实/S_需$，在 1.1～1.25 之间（也可用 $K_计/K_需$），则认为合理，否则需另选 $K_选$，重复上述步骤，直至符合要求。

四、换热器的操作与保养

1. 换热器的基本操作
（1）换热器的正确使用
（2）具体操作要点
2. 换热器的维护和保养
（1）换热器的常见故障与维修方法
（2）换热器的清洗

例 题 解 析

【**例 3-14**】 下列换热器中，用于管内和壳程均经常清洗的换热场合的是（　　）。
A. 固定管板式换热器　　　　B. U 形管式换热器
C. 填料函式换热器　　　　　D. 板翅式换热器

分析 设备的优缺点及性能特点取决于结构，要作出正确选择，必须熟悉各换热器的基本结构及其特点。

固定管板式换热器的结构特点是两块管板分别焊在壳体的两端，管束两端固定在两管板上，两端的封头可装拆，所以管内便于清洗，而壳程不能清洗。U 形管式换热器只有一个管板，管子成 U 形两端固定在同一管板上，管间清洗方便而管内较难清洗。填料函式换热器的结构特点是管板只有一端与壳体固定，另一端采用填料函密封，管束可以从壳体内抽出，管、壳程均能进行清洗。板翅式换热器为单元体叠加结构，其基本单元体由翅片、隔板及封条组成，一定数量的单元体组合起来焊在带有进出口的集流箱上，所以清洗检修困难。

答　C。

【**例 3-15**】 某工厂需用 200kPa（绝压）的饱和水蒸气将常压空气由 20℃ 加热至 90℃，空气流量为 5000m³/h（标准状态）。今仓库有一台单程列管换热器，内有 ϕ38mm×2.5mm 的钢管 151 根，管长 3m。取壳程水蒸气冷凝和管程空气的对流传热系数分别为 10000W/(m²·℃) 和 65 W/(m²·℃)，两侧污垢热阻及管壁热阻可忽略不计，试核算此换热器是否满足要求？

分析 本题实质是通过比较根据生产任务的要求换热器必须有的传热面积与换热器本身的传热面积的大小，来看换热器的传热速率是否大于或至少等于热负荷。

换热器的传热面积要通过换热器的规格来求算。而要求出根据生产的要求换热器需具有的传热面积则要通过总传热速率方程 $Q=KS\Delta t_m$，需先求出热负荷 Q，传热系数 K 及传热平均温度差 Δt_m。

因空气走管程，所以热负荷取空气的传热量。计算传热系数 K 时，由于管壁较薄，可以忽略管壁内外表面积的差异。至于平均传热温度差的计算，因是饱和水蒸气加热，所以热流体一侧的温度可取为定值。

解 1. 计算热负荷 Q

已知 $t_1=20℃$，$t_2=90℃$；$q_{Vc}=5000\text{m}^3/\text{h}=\dfrac{5000}{3600}\text{m}^3/\text{s}$，从附录四查得在平均温度 $t_m=\dfrac{t_1+t_2}{2}=\dfrac{20+90}{2}=55℃$ 时，空气的比热容 $c_{pc}=1.005\text{kJ}/(\text{kg}·℃)$，空气在 $0℃$ 时的密度 $\rho_c=1.293\text{kg}/\text{m}^3$。则

$$q_{mc}=q_{Vc}\rho_c=\dfrac{5000}{3600}\times 1.293=1.796\text{kg/s}$$

空气走管程，则热负荷

$$Q=Q_c=q_{mc}c_{pc}(t_2-t_1)$$
$$=1.796\times 1.005\times 10^3\times(90-20)$$
$$=126349\text{W}$$

2. 计算平均传热温度差 Δt_m

已知 $t_1=20℃$，$t_2=90℃$；从附录八查得 200kPa 的饱和水蒸气的 $T_s=120.2℃$。有

$$\Delta t_1=T_s-t_1=120.2-20=100.2℃$$
$$\Delta t_2=T_s-t_2=120.2-90=30.2℃$$

所以

$$\Delta t_m=\dfrac{\Delta t_1-\Delta t_2}{\ln(\Delta t_1/\Delta t_2)}=\dfrac{100.2-30.2}{\ln(100.2/30.2)}=58.4℃$$

3. 计算传热系数 K

已知 $\alpha_i=65\text{W}/(\text{m}^2·℃)$，$\alpha_o=10000\text{W}/(\text{m}^2·℃)$；根据题意，两侧污垢热阻及管壁热阻可忽略不计，则有

$$K=\dfrac{1}{\dfrac{1}{\alpha_i}+\dfrac{1}{\alpha_o}}=\dfrac{1}{\dfrac{1}{65}+\dfrac{1}{10000}}=64.6\text{W}/(\text{m}^2·℃)$$

4. 计算传热面积

要求换热器需具有的传热面积

$$S_{需}=\dfrac{Q}{K\Delta t_m}=\dfrac{126349}{64.6\times 58.4}=33.49\text{m}^2$$

换热器本身具有的传热面积（取内表面）

$$S_{实}=nd_{内}\pi l=151\times\dfrac{38-2\times 2.5}{1000}\times 3.14\times 3=46.94\text{m}^2$$

$S_{实}/S_{需}=46.94/33.49=1.40$，能满足要求。

习 题

一、填空题

1. 按用途分类，换热器可分为：（1）_____器；（2）_____器；（3）_____热器；（4）_____器；（5）_____器；（6）冷_____器；（7）冷_____器。

2. 按传热面形状和结构分类，换热器可分为_____式换热器、_____式换热器和_____形式换热器。

3. 按所用材料分类，换热器可分为_____材料换热器和_____材料换热器。

4. 按传热管的结构不同，管式换热器可分为_____管式、_____管式、_____管式

和_____管式换热器等几种。

5. 板式换热器可分为_____、_____板式、_____板式、板_____式和_____板式换热器等几种。

6. 按冷凝液循环方式不同，热管可分为_____热管、_____热管和_____热管三种；按工作液的工作温度范围可分为_____热管、_____温热管、_____温热管、_____温热管等四种。

7. 列管换热器的型号由换热器_____、公称_____、_____数、公称_____和公称_____等五部分组成。

8. 选用或设计列管换热器时应考虑的问题有：(1) 流_____的选择；(2) 流_____的选择；(3) 冷却剂（或加热剂）_____温的选择；(4) 管子_____与管_____的选择；(5) _____程数与_____程数的确定；(6) _____的选用；(7) _____直径的确定；(8) 流体通过换热器的_____的计算等。

9. 列管换热器选型（设计）的一般步骤：(1) 确定_____；(2) 确定流体在换热器内的流动_____；(3) 确定并计算_____；(4) 确定_____程数或调整冷却剂（或加热剂）的_____温度；(5) 确定换热器的_____；(6) 选取_____，初算_____，选定换热器的基本尺寸并确定其实际传热面积，计算在实际传热面积下的_____；(7) 计算_____；(8) 核算_____；若不合理另选_____，重复上述步骤，直至符合要求。

二、选择题

1. 列管换热器不具有的优点是（　　）。
   A. 简单坚固　　　B. 用材广泛，适用性强　　C. 清洗方便　　D. 结构紧凑

2. 列管换热器中管、壳程均能清洗且结构较简单、造价低的是（　　）换热器。
   A. 固定管板式　　B. 浮头式　　　　C. U形管式　　D. 填料函式

3. 适用于壳程流体清洁且不结垢，两流体温差不大或温差较大但壳程压力不高场合的是（　　）换热器。
   A. 固定管板式　　B. 浮头式　　　　C. U形管式　　D. 填料函式

4. 在换热管上装有的翅片不能起到的作用是（　　）。
   A. 增大传热面积　B. 增大流体的湍动程度　C. 提高流量　D. 提高流速

5. 下列结构最紧凑且流体作严格的逆流流动的是（　　）换热器。
   A. 列管式　　　　B. 套管式　　　　C. 夹套式　　D. 螺旋板式

6. 特别适用于底温差传热场合的是（　　）换热器。
   A. 管式　　　　　B. 板式　　　　　C. 热管　　　D. 无法确定

7. 可在器内设置搅拌器的是（　　）换热器。
   A. 套管　　　　　B. 釜式　　　　　C. 夹套　　　D. 热管

8. 列管换热器中，下列流体宜走壳程的是（　　）。
   A. 不清洁和易结垢的　　B. 腐蚀性的　　C. 压力高的　　D. 黏度大的或流量小的
   E. 被加热的　　　　　　F. 两流体温度差较大其中对流传热系数小的

9. 在列管换热器的选用或设计时，考虑错误的是（　　）。
   A. 流速的选择既要进行经济权衡，又要兼顾结构、清洗等其他方面的要求
   B. 冷却水的进出口温度由水源及当地气候条件决定
   C. 常在管间设置纵向挡板，将单壳程分成多壳程
   D. 管长的选择以清洗方便及合理用材为原则

三、计算题

1. 在并流换热器中,用水冷却油,换热管长 1.5m,水的进出口温度为 15℃和 40℃;油的进出口温度为 120℃和 90℃。如油和水的流量及进口温度不变,而要将油的出口温度降至 70℃,则换热器的换热管应增长为多少米才可达到要求(不计热损失及温度变化对物系的影响)?

2. 在一传热面积为 $3m^2$,由 $\phi25mm \times 2.5mm$ 的管子组成的单程列管换热器中,用初温为 10℃的水将机油由 200℃冷却至 100℃,水走管程,油走壳程。已知水和机油的流量分别为 1000kg/h 和 1200kg/h,机油的比热容为 $2.0kJ/(kg \cdot K)$,水侧和油侧的对流传热系数分别为 $2000W/(m^2 \cdot K)$ 和 $250 W/(m^2 \cdot K)$,两流体呈逆流流动,忽略热损及管壁和污垢热阻。问:
(1) 通过计算说明该换热器是否适用?
(2) 夏天里水的初温达到 30℃,而油和水的流量及油的冷却程度不变时,该换热器是否适用(假设传热系数不变)?

综合练习题

一、填空题（每空 1 分，共 50 分）

1. 固定管板式列管换热器由_____、_____、_____、_____等部件构成。
2. 根据机理的不同，传热的基本方式有_____、_____、_____三种。
3. 在对流传热时，热阻主要集中在_____。
4. 影响对流传热系数的因素有：(1) 流体的种类及_____情况；(2) 流体的性质，包括_____、_____、_____度和_____度等；(3) 流体的流动_____；(4) 流体流动的_____；(5) 传热面的_____、_____及_____。
5. 目前计算对流传热系数常利用_____关联式，使用时应注意：(1) 应用_____；(2) 特征_____；(3) 定性_____。
6. 传热速率与传热_____成正比，与传热_____成反比。
7. 完成一定的传热任务，所需的_____是选择或设计换热器的核心。
8. 间壁传热过程由_____、_____、_____组成。
9. 应取管式换热器中走_____程流体的传热量作为换热器的热负荷。
10. 当_____≤$\Delta t_1 / \Delta t_2$≤_____时，可以用算术平均值代替对数平均值来计算平均温度差。
11. 传热系数 K 的计算公式可利用_____叠加原理导出。
12. 强化传热的途径有：(1) 增大_____；(2) 提高_____；(3) 提高_____。
13. 工业生产中最普通使用的冷却剂是_____和_____，还有冷冻_____。
14. 按传热管结构不同管式换热器可分为_____管式、_____管式、_____管式和_____管式换热器等。
15. 板式换热器可分为_____、_____板式、_____板式、板_____式和_____板式等。
16. 热管按冷凝液循环方式不同可分为_____热管、_____热管和_____热管三种。

二、选择题（每题 2 分，共 26 分）

1. 下列说法错误的是（　　）。
   A. 化工生产中对传热的要求可分为强化和削弱传热两种
   B. 稳态传热的特点是系统中不积累热量
   C. 在换热过程中热流体放出热量，冷流体吸收热量
   D. 常在列管换热器内装纵向隔板使壳程分为多壳程
2. 热传导（　　）。
   A. 只存在于固体中　　　　　B. 只存在于固体和液体中
   C. 可存在于固体、液体和气体中　　D. 与热辐射不能同时存在
3. 下列物质中热导率最大的是（　　），最小的是（　　）。
   A. 钢　　　　B. 石棉　　　　C. 空气　　　　D. 水
4. 平壁导热速率与（　　）成反比。
   A. 热导率　　B. 传热面积　　C. 平壁厚度　　D. 两侧温度差
5. 在圆筒壁的稳态导热过程中（　　）是常量。

85

A. 传热面积　　　B. 热导率　　　C. 传热速率　　　D. 热阻

6. 多层平壁或圆筒壁的热传导中不能叠加的是每层的（　　）。

A. 厚度　　　B. 两侧的温度差　　　C. 热阻　　　D. 热导率

7. 对流传热系数（　　）。

A. 是物质的物理性质之一　　　B. 与间壁的热导率有关

C. 与传热面积有关　　　D. 与流体有无相变有关

8. 不影响辐射传热的是物体的（　　）。

A. 温度　　　B. 几何位置　　　C. 对辐射的穿透率　　　D. 以上均错误

9. 热负荷和传热速率（　　）相同。

A. 含义　　　B. 改变大小的方法　　　C. 计算方法　　　D. 数值也可

10. 换热器中平均传热温度差的计算方法相同的是（　　）。

A. 恒温传热和变温传热　　　B. 变温传热时并流和逆流

C. 变温传热时逆流和错流　　　D. 以上均不相同

11. 不能显著提高传热速率的是（　　）。

A. $\alpha_i \gg \alpha_o$ 时，提高 α_i　　　B. $\alpha_i \ll \alpha_o$ 时，提高 α_i

C. 增大单位体积传热面积　　　D. 定期清除污垢

12. 可构成具有逆流、错流或错逆流等多种形式的是（　　）换热器。

A. 夹套　　　B. 平板式　　　C. 螺旋板式　　　D. 板翅式

13. 固定管板式列管换热器中下列流体宜走壳程的是（　　）。

A. 不洁净或易结垢的　　　B. 腐蚀性的　　　C. 压力高的

D. 被冷却流体　　　E. 有毒的

三、计算题（共 24 分）

1. 某炉墙内壁耐火砖层厚 0.2m，热导率为 1.05W/(m·K)；中间为隔热层，厚 0.1m，热导率为 0.15W/(m·K)；最外层为普通砖，厚 0.2m，热导率为 0.12W/(m·K)。炉内壁温度 1200K，外壁温度 330K。试求：(1) 每平方米壁面的热损失；(2) 耐火砖层的外壁温度。（4 分）

2. 蒸汽管的内直径和外直径各为 160mm 和 170mm，管的外面包着两层绝热材料。第一层绝热材料的厚度 $b_2=20$mm，第二层绝热材料厚度 $b_3=40$mm。管壁和两层绝热材料的热导率分别为 $\lambda_1=58.3$W/(m·K)，$\lambda_2=0.175$W/(m·K)，$\lambda_3=0.093$W/(m·K)。蒸汽管的内表面温度为 $t_1=570$K，第二层绝热材料的外表温度为 $t_4=320$K。试求每米长蒸汽管的热损失。（5 分）

3. 热量从一个流体通过金属板传给另一个流体，板两侧流体的对流传热系数分别为 $\alpha_1=50\text{W}/(\text{m}^2\cdot\text{K})$ 和 $\alpha_2=2500\text{W}/(\text{m}^2\cdot\text{K})$，金属板厚 6mm，热导率为 $20\text{W}/(\text{m}\cdot\text{K})$，两垢层系数均取 $850\text{W}/(\text{m}^2\cdot\text{K})$。求：

(1) 传热系数；

(2) 将 α_1 提高一倍时（其他条件不变）的传热系数；

(3) 将 α_2 提高一倍时（其他条件不变）的传热系数。（6分）

4. 在一传热面积为 15m^2，由 $\phi25\text{mm}\times2.5\text{mm}$ 的管子组成的单程列管换热器中，用初温为 20℃的水将 1.25kg/s 的液体[定压比热容为 $1.9\text{ kJ}/(\text{kg}\cdot\text{℃})$，密度为 850kg/m^3] 由 80℃冷却到 30℃。水走管内，另一液体走壳程，两流体呈逆流流动。水侧和液体侧的对流传热系数分别为 $0.85\text{kW}/(\text{m}^2\cdot\text{℃})$ 和 $1.70\text{kW}/(\text{m}^2\cdot\text{℃})$，污垢热阻和热损均可以忽略。若水出口温度不能高于 50℃，问：

(1) 通过计算说明该换热器是否适用；

(2) 冷却水消耗量。（9分）

第四章 液体蒸馏

第一节 概 述

知识要点

一、蒸馏

(1) 概念 利用液体混合物中各组分挥发能力的不同，实现液体混合物分离的方法。

(2) 原理 将液体混合物加热，使之汽化成相互平衡的两相，易挥发组分更多地进入到气相，在气相中的浓度高于原来的溶液，残留在液相中的浓度比原溶液减少，这样原混合液中的两组分得到了部分程度的分离。

(3) 常见操作方式 闪蒸、简单蒸馏、精馏和特殊蒸馏。根据需要可以连续式，也可以间歇式进行。

二、精馏原理和流程

1. 原理（概念）

精馏就是多次而且同时运用部分汽化和部分冷凝的方法，使混合液得到较完全分离，以获得接近纯组分的操作。

2. 流程

工业上精馏装置 是由精馏塔、再沸器和冷凝器等构成。

一般将精馏塔分成两段，加料板以上称为精馏段，加料板以下称为提馏段（包括加料板）。原料液从精馏塔中加料板上加入，与塔内气液相汇合，气相上走，液相下行。自塔顶出来蒸气送入冷凝器冷凝后，流出的冷凝液一部分作为产品，一部分回流到塔顶第一块塔板上。液体下降至塔底再沸器，一部分作为塔底产品或残液流出，一部分汽化后回流到塔内。

蒸气由精馏塔底部自下而上依次通过各层塔板的过程中，与各板上液体层相接触，使液体部分汽化，而蒸气发生部分冷凝。

在整个精馏塔内，各板上易挥发组分的浓度由上而下逐渐降低。当某板上的浓度与原料液中浓度相等或相近时，料液就从此板加入。塔底几乎是纯难挥发组分，温度最高；塔顶几乎是较纯的易挥发组分，温度最低。

塔顶的液体回流与塔底的蒸气回流是精馏得以稳定操作的必要条件。

例题解析

【例 4-1】 下列叙述错误的是（　　）。

A. 混合液中，各组分的挥发能力相差越大，越容易用蒸馏方法分离
B. 在精馏塔内部分汽化和部分冷凝是同时进行的
C. 在精馏塔中塔顶的温度最高
D. 塔顶冷凝器中的冷凝液不能全部作为产品

分析 操作过程中的方法和现象取决于原理，可通过原理加以解释。根据蒸馏原理，混

合液发生部分汽化，在气相中，易挥发组分所占比例（浓度）增大，各组分挥发能力相差越大，浓度变化越大，就越容易被分离。

在精馏塔中，当温度较高的上升蒸气与各板上温度较低的液体层接触，蒸气将热量传给液体，使液体发生部分汽化，而液体从蒸气中吸收热量，使蒸气发生部分冷凝，两者相互依存，是同时进行的。

从塔底到塔顶，混合液每经一次部分汽化，气相中易挥发组分的浓度就增大一次，到塔顶时，易挥发组分的浓度最大。易挥发组分的沸点要低于难挥发组分，一般混合物中易挥发组分含量越多，混合液的沸点越低，即汽化时混合蒸气的温度越低，所以全塔中塔顶温度应为最低。

若塔顶冷凝液全部作为产品，则随着精馏的进行，各塔板上的液体量越来越少，直至全部被蒸发，蒸气的多次部分冷凝和液体的多次部分汽化就不能进行，也就没有了精馏操作。

答　C。

习　题

一、填空题

1. 蒸馏是以液体混合物中各组分_____能力的不同作为依据的。
2. 常见的蒸馏操作方式有_____、_____、_____和_____。
3. 多次部分汽化，在_____相中，可得到高纯度的_____挥发组分；多次部分冷凝，在_____相中，可得到高纯度的_____挥发组分。
4. 精馏就是_____而且_____运用部分汽化和部分冷凝，使混合物得到_____分离，以获得接近纯组分的操作。
5. 工业上精馏装置，由_____、_____器、_____器等构成。
6. 一般将精馏塔分为两段，加料板以上称为_____段，加料板以下称为_____段，加料板属于_____段。
7. 在整个精馏塔内，各板上易挥发组分浓度由上而下逐渐_____，在某板上的浓度与料液中浓度_____或_____时，料液就从此板加入。塔底几乎是纯_____挥发组分，塔顶几乎是纯的_____挥发组分。整个塔内的温度由下而上逐渐_____。
8. 塔顶的_____回流与塔底的_____回流是精馏塔得以稳定操作的必要条件。

二、判断题

1. 所有溶液中各组分挥发能力的差别均表现在组分沸点的差别上。（　　）
2. 分离液体混合物时，精馏比简单蒸馏较为完全。（　　）
3. 精馏塔分为精馏段、加料板、提馏段三个部分。（　　）
4. 塔顶冷凝器中的冷凝液既可全部作为产品，也可部分回流至塔内。（　　）

第二节　精馏塔的物料衡算

知　识　要　点

一、全塔物料衡算

（1）作用　求得塔顶和塔底产品的流量与组成和进料的流量与组成六个物理量之间的关系。

(2) 衡算式

总物料平衡 $$F = D + W \tag{4-1}$$

易挥发组分平衡 $$Fx_F = Dx_D + Wx_W \tag{4-2}$$

上式中 F、D、W 也可采用质量流量，相应的各组成也可用质量分数。

(3) 采出率和回收率

D/F——馏出液采出率；W/F——残液采出率；$\dfrac{Dx_D}{Fx_F}$——易挥发组分的回收率；$\dfrac{W(1-x_W)}{F(1-x_F)}$——难挥发组分回收率。

二、精馏段物料衡算

作用：得出精馏段的操作线方程。

操作线方程：表达塔内相邻两层塔板间的气相、液相浓度之间的数量关系的数学式。

1. 恒摩尔假设

(1) 恒摩尔汽化　在精馏过程中，精馏段内每层板上升的蒸气摩尔流量相等，以 V 表示。提馏段内也如此，以 V' 表示。但 V 和 V' 不一定相等。

(2) 恒摩尔溢流　在精馏过程中，精馏段内每层板下降的液体摩尔流量相等，以 L 表示。提馏段内也如此，以 L' 表示。但 L 和 L' 不一定相等。

很多物系，尤其是结构相似，性质相近的组分构成的物系，基本符合上述条件。

2. 精馏段操作线方程

$$y_{i+1} = \frac{R}{R+1}x_i + \frac{x_D}{R+1} \tag{4-3}$$

$$y = \frac{R}{R+1}x + \frac{x_D}{R+1} \tag{4-4}$$

令 $R = \dfrac{L}{D}$，R 称为回流比，是塔顶回流量与塔顶产品的比值。

精馏段操作线方程在 x-y 直角坐标图上的作法：在操作线上两个特殊点作连线画出操作线。两个特殊点：对角线上点 $a(x_D, x_D)$；y 轴上操作线方程的截距点 $b(0, \dfrac{x_D}{R+1})$。

三、提馏段物料衡算

作用：得出提馏段操作线方程。

$$y_{j+1} = \frac{L'}{L'+W}x_j - \frac{W}{L'-W}x_W \tag{4-5}$$

$$y = \frac{L'}{L'-W}x - \frac{W}{L'-W}x_W \tag{4-6}$$

提馏段操作线方程在 x-y 图上经过对角线上的点 $c(x_W, x_W)$。

提馏段液体流量 L' 除与精馏段的回流量 L 有关外，还受进料量及进料热状况的影响。不同进料热状况，操作线方程也不同。

例 题 解 析

【例 4-2】 某连续操作的精馏塔，每小时蒸馏 5000kg 含乙醇 20%（质量分数，下同）的乙醇水溶液，要求馏出液中含乙醇 95%，残液中含乙醇不大于 1%，试求馏出液量和残液量。

分析 精馏塔的全塔物料衡算式中的 F、D、W 和 x_F、x_D、x_W 既可用摩尔流量和摩尔分数，也可用质量流量和质量分数表示。本例中已知原料液的质量流量和料液、馏出液和釜残液中乙醇的质量分数，没有规定馏出液和釜残液流量的表示方法，所以可直接用质量流量和质量分数进行计算。

解 已知 $F=5000\text{kg/h}$，$w_F=20\%$，$w_D=95\%$，$w_W=1\%$，根据全塔物料衡算式

$$F=D+W$$
$$Fw_F=Dw_D+Ww_W$$

有
$$5000=D+W \tag{1}$$
$$5000\times 0.2=D\times 0.95+W\times 0.01 \tag{2}$$

解联立方程，得
$$W=1010.6\text{kg/h}$$
$$D=3989.4\text{kg/h}$$

【例 4-3】 精馏段操作线与对角线的交点坐标为（　　）。

A. x_F, x_F　　　B. x_D, x_D　　　C. $x_W=x_W$　　　D. 以上都不对

分析 在平面坐标图上两直线交点的坐标应为两直线方程的公共解。精馏段与对角线的交点坐标可由精馏段方程 $y=\dfrac{R}{R+1}x+\dfrac{x_D}{R+1}$ 和对角线方程 $y=x$ 联立求解而得。解之得 $x=y=x_D$。

答 B。

【例 4-4】 每小时将 15000kg 含苯 40% 和甲苯 60% 的溶液在连续精馏塔中进行分离，要求釜底残液中含苯不高于 2%。塔顶轻组分的回收率为 97.1%，操作压力为 101.3kPa。

(1) 试求馏出液和釜底液的流量及组成；

(2) 若进料为饱和液体（$L'=L+F$），所用回流比为 2，试求精馏段和提馏段操作线方程。

分析 在全塔物料衡算中各物理量既可采用摩尔流量和摩尔分数，也可采用质量流量和质量分数。但精馏段和提馏段的物料衡算是建立在恒摩尔汽化和恒摩尔溢流的假设基础上的，作为衡算结果的精馏段和提馏段操作线方程中的各物理量必须是摩尔流量和摩尔分数。在本例已知条件中的物理量是用质量流量和质量分数表示的，最后求的是操作线方程。这就涉及一个问题，即先将已知条件进行换算后再求算呢还是先求出馏出液的质量流量及质量分数和釜底残液的质量流量再进行换算。现分别用两种方法求解，其优劣由读者自行判断。

解一 因为苯的摩尔质量为 78kg/kmol，甲苯的摩尔质量为 92kg/kmol，所以

$$x_F=\dfrac{\dfrac{0.4}{78}}{\dfrac{0.4}{78}+\dfrac{0.6}{92}}=0.44$$

$$x_W=\dfrac{\dfrac{0.02}{78}}{\dfrac{0.02}{78}+\dfrac{(1-0.02)}{92}}=0.0235$$

原料液的平均摩尔质量为
$$M_F=0.44\times 78+0.56\times 92=85.8\text{kg/kmol}$$

则 $F=15000/85.8=175\text{kmol/h}$

已知 $Dx_D/Fx_F=0.971$

有 $Dx_D=Fx_F\times 0.971=175\times 0.44\times 0.971=74.767\text{kmol/h}$

根据 $Fx_F=Dx_D+Wx_W$

有 $175\times 0.44=74.767+0.0235W$

得 $W=95\text{kmol/h}$

由 $F=D+W$

有 $175=D+95$

得 $D=80\text{kmol/h}$

由 $Dx_D=74.767$

得 $x_D=0.935$

已知 $R=2$

根据精馏段操作线方程的通式

$$y=\frac{R}{R+1}x+\frac{x_D}{R+1}$$

得 $$y=\frac{2}{2+1}x+\frac{0.935}{2+1}=0.667x+0.312$$

$$L=RD=2\times 80=160\text{kmol/h}$$

已求得 $F=175\text{kmol/h}$, $W=95\text{kmol/h}$, $x_W=0.0235$；饱和液体进料，有

$$L'=L+F=160+175=335\text{kmol/h}$$

根据提馏段操作线方程的形式

$$y=\frac{L'}{L'-W}x-\frac{W}{L'-W}x_W$$

有 $$y=\frac{335}{335-95}x-\frac{95}{335-95}\times 0.0235=1.4x-0.0093$$

解二 已知 $F=15000\text{kg/h}$, $w_F=0.4$, $w_W=0.02$, $Dw_D/Fw_F=0.971$。

则 $Dw_D=Fw_F\times 0.971=15000\times 0.4\times 0.971=5826\text{kg/h}$

由 $Fw_F=Dw_D+Ww_W$

有 $15000\times 0.4=5826+W\times 0.02$

得 $W=8700\text{kg/h}$

由 $F=D+W$

有 $15000=D+8700$

得 $D=6300\text{kg/h}$

由 $Dw_D=5826\text{kg/h}$

得 $w_D=\dfrac{5826}{6300}=0.9248$

苯的摩尔质量为 78kg/kmol，甲苯的摩尔质量为 92kg/kmol；则

$$x_D=\frac{\dfrac{0.9248}{78}}{\dfrac{0.9248}{78}+\dfrac{1-0.9248}{92}}=0.935$$

$$x_W = \frac{\frac{0.02}{78}}{\frac{0.02}{78}+\frac{1-0.02}{92}} = 0.0235$$

$$x_F = \frac{\frac{0.4}{78}}{\frac{0.4}{78}+\frac{1-0.4}{92}} = 0.44$$

原料液的平均摩尔质量为
$$M_F = 0.44 \times 78 + 0.56 \times 92 = 85.8 \text{kg/kmol}$$

则 $F = 15000/85.8 = 175 \text{kmol/h}$

由 $Dx_D/Fx_F = 0.971$

得 $$D = \frac{Fx_F \times 0.971}{x_D} = \frac{0.971 \times 175 \times 0.44}{0.935} = 80 \text{kmol/h}$$

由 $F = D + W$

得 $W = F - D = 175 - 80 = 95 \text{kmol/h}$

(下面求精馏段和提馏段操作线方程的方法与解一相同,略去。)

习　题

一、填空题

1. 通过全塔物料衡算,可求得进料和塔顶、塔底产品的_____与_____之间的关系。

2. 回收率是指某组分通过精馏_____的量与其在_____中的_____量之比。

3. 工业精馏分离指标一般有以下几种形式：(1) 规定馏出液与残液组成,则_____和_____为定值；(2) 规定馏出液组成和采出率,则_____和_____不能自由选定；(3) 规定某组分在馏出液中的组成和它的回收率,则_____是有限制的。

4. 塔内_____(相邻、相同)两层塔板间的气相、液相浓度之间的数量关系,称为操作线关系,表达这种关系的数学式叫_____。

二、判断题

1. 全塔物料衡算时,各流量和组成既可采用摩尔流量和摩尔分数,也可均采用质量流量和质量分数。(　　)

2. 根据恒摩尔汽化和恒摩尔溢流的假设,精馏塔中每层塔板上液体的摩尔流量和蒸气的摩尔流量均相等。(　　)

3. 操作线方程式中的流量和组成既可均采用摩尔流量和摩尔分数也可均采用质量流量和质量分数。(　　)

三、选择题

1. 精馏段操作线方程表示的是(　　)之间的关系。

A. y_i 与 x_i　　　B. y_{i+1} 与 x_i　　　C. y_i 与 x_{i+1}　　　D. y_{i+1} 与 x_{i-1}

2. 精馏段操作线与 y 轴的交点坐标为(　　)。

A. $0, \frac{R}{R+1}$　　　B. $0, \frac{R}{R+1}x_D$　　　C. $0, \frac{1}{R+1}$　　　D. $0, \frac{1}{R+1}x_D$

3. 提馏段操作线经过对角线上的(　　)点。

A. (x_F, x_F)　　　B. (x_D, x_D)　　　C. (x_W, x_W)　　　D. 以上都不对

四、计算题

1. 求含乙醇12%（质量分数）的水溶液中：(1) 乙醇的摩尔分数；(2) 乙醇水溶液的平均相对分子质量。

2. 某精馏塔中的进料成分为丙烯40%（质量分数，下同），丙烷60%，进料量为2000kg/h。塔底产品中丙烯含量为20%，流量1000kg/h。试求塔顶产品的产量及组成。

3. 某连续精馏操作的精馏塔，每小时蒸馏5000kg含乙醇15%（质量分数，下同）的水溶液，塔底残液内含乙醇1%。试求每小时可获得多少千克含乙醇95%的馏出液及残液？乙醇的回收率是多少？

4. 在连续精馏塔中分离由二硫化碳和四氯化碳所组成的混合液。已知原料液流量为4000kg/h，组成为0.3（二硫化碳的质量分数，下同）。若要求釜液组成不大于0.05，塔顶回收率为88%，试求馏出液的流量和组成，分别以摩尔流量和摩尔分数表示。

5. 在连续操作的精馏塔中,每小时要求蒸馏 2000kg 含水 90%(质量分数,下同)的乙醇水溶液,馏出液含乙醇 95%,残液含水 98%。若操作回流比为 3.5,问回流量为多少?

6. 将含 24%(摩尔分数,下同)易挥发组分的某混合液送入连续操作的精馏塔。要求馏出液中含 95% 的易挥发组分,残液中含 3% 易挥发组分。塔顶每小时送入全凝器 850kmol 蒸气,而每小时从冷凝器流入精馏塔的回流量为 670kmol。试求每小时能抽出多少 kmol 残液量,回流比为多少?

7. 用某精馏塔分离丙酮-正丁醇混合液,进料液含 30%(质量分数,下同)丙酮,馏出液含 95% 的丙酮,加料量为 1000kg/h,馏出液量为 300kg/h,进料为饱和液体,回流比为 2,求精馏段和提馏段的操作线方程。

8. 在 x-y 图上做出上题所求的操作线，并确定两操作线交点 d 的坐标（x_d、y_d），比较 x_F 与 x_d，可得出什么结论？

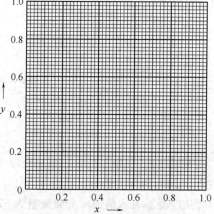

第三节　塔板数的确定

知　识　要　点

一、实际塔板数与板效率

(1) 实际所需塔板数的确定方法　第一步是将每一块塔板假设为理论板，由相平衡线和操作线确定出所需理论塔板数 N_T；第二步再考虑实际操作情况，由实际塔板与理论塔板的差别引入总板效率 E_T，以确定实际所需塔板数 N。

(2) 理论板　指的是自该板升向上一塔板的蒸气与自该塔板流向下一塔板的液体互成平衡的塔板。实际上，由于塔板上的气、液两相接触面积和时间是有限的，气、液两相难以达到平衡状态，所以理论板只是一种理想塔板，仅是作为衡量塔板分离效率的一个标准。

(3) 总板效率 E_T　为理论塔板数 N_T 与实际塔板数 N 之比

$$E_T = \frac{N_T}{N} \tag{4-7}$$

总板效率是一个影响甚多的综合性标准，难以从理论导出，一般均由实验测得。在求得全塔理论塔板数后，只需知道总板效率，便可算出实际塔板数。

$$N = \frac{N_T}{E_T} \tag{4-8}$$

二、确定理论塔板数的依据和原则

(1) 依据　相平衡线或相平衡方程，操作线或操作线方程。

(2) 原则

① 离开 n 层理论板的液、气相浓度 (x_n, y_n) 必满足相平衡关系。

② 该板流向下一层塔板的液体与下一层板升上该板的蒸气的浓度 (x_n, y_{n+1}) 必符合操作线关系。可从塔顶组成 x_D 开始，交替使用平衡关系和操作线关系逐板向下求算，一直至塔底组成 x_W 为止。每使用一次相平衡关系即表明经过一块理论板，求算过程中使用相平衡关系的次数即代表总理论塔数。

(3) 用相对挥发度表示的相平衡方程

① 挥发度：表示某种液体易挥发的程度。纯液体及理想溶液中任一组分的挥发度都等于它在纯态时的饱和蒸气压。

② 相对挥发度（α）：易挥发组分对难挥发组分的挥发度之比。对于理想溶液，两组分的相对挥发度等于两组分的饱和蒸气压之比。

③ 用相对挥发度表示的相平衡方程

$$y = \frac{\alpha x}{1+(\alpha-1)x} \tag{4-9}$$

式中，α 为整个精馏塔中的相对挥发度的平均值。

三、理论塔板数的确定方法

1. 逐板计算法

假设塔顶采用全凝器，泡点回流，塔釜间接蒸汽加热，则求取理论塔板数的步骤为

① $y_1 = x_D$；

② 依相平衡方程 $y_1 = \dfrac{\alpha x_1}{1+(\alpha-1)x_1}$，由 y_1 算出 x_1；

③ 按操作线方程 $y_2 = \dfrac{R}{R+1}x_1 + \dfrac{x_D}{R+1}$，由 x_1 算出 y_2；

④ 重复②、③步，直至 $x_n \leqslant x_F$；则第 n 层板为加料板，属于提馏段；

⑤ 使用一次相平衡方程，即表示需要一层理论板，统计上述过程中使用相平衡方程次数，若为 n，则精馏段所需理论塔板数为（$n-1$）块；

⑥ 用类似的方法，从加料板以下，用提馏段操作线方程和平衡线方程交替进行计算，直至 $x_N < x_W$ 为止，则全塔所需总理论塔板数为 N 块。间接加热的再沸器其作用相当于一层理论板，所以全塔所需总理论塔板数应为（$N-1$）块，提馏段所需理论板数为（$N-n$）块。

2. 图解法

图解法求理论板数的基本原理与逐板计算法完全相同，只不过用图解代替方程的求解。步骤如下：

① 在 x-y 图上作相平衡线和对角线。

② 作精馏段操作线。从 $x = x_D$ 处引垂线与对角线交于 a 点（x_D，x_D），再在 y 轴上定出 $b\left(0, \dfrac{x_D}{R+1}\right)$，连接 a、b。

③ 作提馏段操作线。从 x_W 处引垂线与对角线交于 c 点（x_W，x_W），从 c 点按操作线斜率 $\dfrac{L'}{L'-W}$ 作直线，与精馏段操作线交于 d 点。交点 d 取决于进料的热状况，若已知进料的热状况，可从 $x = x_F$ 处引垂线交对角线与 e 点（x_F，x_F），从 e 点绘 q 线与精馏段操作线交于 d 点，连 b、d 得提馏段操作线。

④ 从 a 点开始在精馏段操作线和平衡线之间作水平线和垂线组成的梯级，当梯级跨过点 d，改在平衡线和提馏段操作线之间画梯级，直至梯级跨过 c 点为止。每一级水平线代表一层理论板，梯级的总数为理论板总数。由于塔釜作为一块理论板，因此，理论板总数为总梯级数减去 1，越过两操作线交点 d 的那一块理论板为加料板。

例 题 解 析

【例 4-5】 在常压下将含苯 25%（摩尔分数，下同）的苯-甲苯混合液连续精馏分离。

要求馏出液中含苯98%，釜残液中含苯不超过8.5%。选用回流比为5，进料为饱和液体，塔顶为全凝器，泡点回流。试用逐板计算法求所需理论板层数，已知常压下苯-甲苯混合液的相对挥发度 α 为2.47。

分析 要用逐板计算法求理论板层数，必须先求出相平衡方程、精馏段操作线方程和提馏段操作线方程。

相平衡方程可由相对挥发度 α 值求出。精馏段操作线方程可由回流比 R 和馏出液组成 x_D 求出。要求提馏段操作线方程，除釜底残液组成 x_W 外，还需求出馏出液流量 D 和釜底残液流量 W。在已知 x_F、x_D、x_W 的条件下，求 D 和 W，还必须已知 F 值，可是已知条件中无 F 值，那是求不出 D 和 W 的确定值的。但在饱和液体进料条件下，操作线方程中有关的流量只有 $\dfrac{L'}{L'-W}$ 和 $\dfrac{W}{L'-W}$ 两个比值。所以可以设一个 F 的基准值来进行计算。从纯数学计算的角度来看，这个基准值可任意设，但以进料 $F=100\text{kmol/h}$ 为基准便于计算且较符合生产实际。

三个方程求得后，可先交替利用平衡线方程和精馏段方程进行计算（由于用全凝器，泡点回流，故 $y_1=x_D$）至 $x_n \leqslant x_F$ 后，再交替利用提馏段操作线方程和相平衡方程继续计算至 $x_N \leqslant x_W$ 为止。

解 ① 苯-甲苯的气、液相平衡方程为

$$y=\dfrac{2.47x}{1+(2.47-1)x}=\dfrac{2.47x}{1+1.47x} \tag{1}$$

② 操作线方程

精馏段操作线方程为

$$y=\dfrac{R}{R+1}x+\dfrac{x_D}{R+1}=\dfrac{5}{5+1}x+\dfrac{0.98}{5+1}=0.8333x+0.1633 \tag{2}$$

以进料 $F=100\text{kmol/h}$ 为基准，得

$$F=D+W=100 \tag{3}$$

$$Fx_F=Dx_D+Wx_W$$

$$100\times 0.25=0.98D+0.085(100-D) \tag{4}$$

联立方程（3）和方程（4），得

$$D=18.43\text{kmol/h}$$
$$W=81.57\text{kmol/h}$$

进料为饱和液体时有

$$L'=L+F=RD+F=5\times 18.43+100=192.15\text{kmol/h}$$

代入提馏段操作线方程通式

$$y=\dfrac{L'}{L'-W}x-\dfrac{W}{L'-W}x_W$$

得

$$y=\dfrac{192.15}{192.15-81.57}x-\dfrac{81.57\times 0.085}{192.15-81.57}$$

$$=1.737x-0.0626 \tag{5}$$

③ 逐板计算理论板数

由于采用全凝器，泡点回流，故 $y_1=x_D=0.98$

由气、液平衡方程（1）得出第1层板下降的液体组成 x_1

$$y = \frac{2.47x_1}{1+1.47x_1} = 0.98$$

解得 $\quad x_1 = 0.952$

由精馏段操作线方程（2）得第2层板上升蒸气组成
$$y_2 = 0.8333x_1 + 0.1633 = 0.8333 \times 0.952 + 0.1633 = 0.9567$$

第2层下降的液体组成仍可由式（1）求得
$$y_2 = \frac{2.47x_2}{1+1.47x_2} = 0.9567$$

解得 $\quad x_2 = 0.8994$

第3层板上升蒸气组成仍由方程（2）求得
$$y_3 = 0.8333x_2 + 0.1633 = 0.8333 \times 0.8994 + 0.1633 = 0.9128$$

第3层下降的液体组成即为
$$y_3 = \frac{2.47x_3}{1+1.47x_3} = 0.9128$$

解得 $\quad y_3 = 0.8091$

按上步骤反复计算可得

$y_4 = 0.8376 \qquad x_4 = 0.6761$

$y_5 = 0.7268 \qquad x_5 = 0.5186$

$y_6 = 0.5955 \qquad x_6 = 0.3734$

$y_7 = 0.4745 \qquad x_7 = 0.2677$

$y_8 = 0.3864 \qquad x_8 = 0.2032 < 0.25\ (x_F)$

因为第8层上液相组成小于进料液组成（$x_F = 0.25$），故让进料引入此板。第9层理论板上升的气相组成应用提馏段操作线方程（5）计算，得
$$y_9 = 1.737x_8 + 0.0626 = 1.737 \times 0.2032 - 0.0626 = 0.2903$$

第9层板下降的液体组成仍由方程（1）求得
$$y_9 = \frac{2.47x_9}{1+1.47x_9} = 0.2903$$

解得 $\quad x_9 = 0.1421$

第10层板上升蒸气组成仍由方程（5）求得
$$y_{10} = 1.737 \times 0.1421 - 0.0626 = 0.1842$$

第10层板下降的液体组成仍由方程（1）求得
$$y_{10} = \frac{2.47x_{10}}{1+(2.47-1)x_{10}} = 0.1842$$

解得 $\quad x_{10} = 0.08376 < 0.085\ (x_W)$

故总理论板数为10层（包括再沸器）。其中精馏段理论板为7层，提馏段理论板为3层，第8层理论板为加料板。

习　题

一、填空题

1. 若操作中离开某块板的气、液两相呈_____状态，则该塔板称为理论板。
2. 工程上常把_____挥发组分对_____挥发组分的挥发度之比称为相对挥发度。

3. 理论塔板数确定的主要依据是_____关系和_____关系。

4. 理论塔板数的确定方法有_____法和_____法。

二、判断题

1. 精馏塔中理论板实际上是不存在的。（   ）

2. 实现规定的分离要求，所需实际塔板数比理论塔板数多。（   ）

3. 相对挥发度是混合液中两组分的挥发度之差。（   ）

4. α 值越大，两组分越易用蒸馏方法分离。（   ）

5. 采用图解法与逐板计算法求理论塔板数的基本原理完全相同。（   ）

三、计算题

欲设计一连续操作的精馏塔，在常压下分离苯与甲苯各50%（摩尔分数，下同）的料液，要求馏出液中含苯96%，残液中含苯不高于5%。饱和液体进料，操作中所用回流比为3，物系的平均相对挥发度为2.5。试用逐板计算法求所需的理论板层数与加料板位置。

第四节 连续精馏的操作分析

知 识 要 点

一、进料状况对精馏操作的影响

1. 进料热状况的影响

① 实际生产中送入精馏塔内的物料的五种不同的热状况及 q 值范围。

a. 过冷液体（指原料温度低于泡点温度以下），$q>1$；

b. 饱和液体（原料处于泡点温度），$q=1$；

c. 气液混合物（处于泡点温度和露点温度之间），$0<q<1$；

d. 饱和蒸气（在露点温度），$q=0$；

e. 过热蒸气（高于露点温度），$q<0$。

② 进料的热状况参数 q：根据加料板的物料衡算得 $\dfrac{L'-L}{F}=\dfrac{I_V-i_F}{I_V-i_L}$

令 $q=\dfrac{I_V-i_F}{I_V-i_L}$，表示 1kmol 料液变为饱和蒸气所需的热量与料液的摩尔汽化潜热之比，q 称为进料的热状况参数。

③ L 与 L' 和 V 与 V' 的关系：

$$L'=L+qF \tag{4-10}$$

$$V=V'+(1-q)F \tag{4-11}$$

q 值为进料中的液相分率。

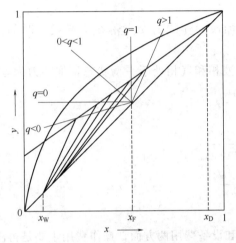

图 4-1 进料热状况对操作线的影响

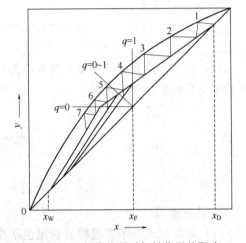

图 4-2 进料热状况对加料位置的影响

④ 精馏段操作线与提馏段操作线交点轨迹方程——称 q 线方程（或进料线方程）。

$$y=\dfrac{q}{q-1}x-\dfrac{x_F}{q-1} \tag{4-12}$$

⑤ 进料热状况对操作线和加料位置的影响（见图 4-1、图 4-2）。q 值愈大，两操作线的交点愈高，完成相同分离任务所需理论塔板数愈少。原料液温度愈低，为维持全塔热量平衡要求热量更多地由塔釜输入。若塔板数一定，产品质量将提高（x_D 增加，x_W 下降）。

q 值不同，其加料位置也有所不同。q 值越大，加料位置越高。

2. 进料组成和流量的影响（见图 4-3）

若保持回流和塔板数不变，进料组成下降，则塔顶和塔底产品的组成也将下降。欲维持塔顶产品的组成不变、产量不变，过程将处于 $Dx_D>(Fx_F-$

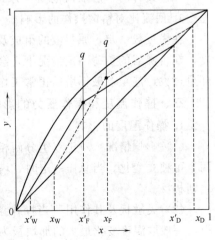

图 4-3 进料组成对精馏结果的影响

Wx_W) 下操作。此时塔内轻组分大量提出，重组分逐步积累，塔顶温度迅速上升，产品质量很快下降，正常操作被破坏。应及时适量增加回流比，调整进料位置等措施维持正常操作。

进料量变化会使塔内的气、液相负荷发生变化，在精馏操作中采用的进料量应严格维持全塔的总物料平衡与易挥发组分的平衡，否则当进料量大于出料量时，会引起淹塔；当进料量小于出料量时会引起塔釜蒸干。但进料量改变不会影响理论塔板数。

二、回流比的影响

1. 全回流

（1）概念　塔顶蒸气全部冷凝后，不采出产品，全部流回塔内的情况称为全回流。

（2）特点　$D=0$，$R=\dfrac{L}{D}=\infty$，精馏段操作线斜率$\dfrac{R}{R+1}=1$。精馏段操作线和提馏段操作线均与对角线重合，精馏塔无精馏段和提馏段之分，所需的理论塔板数最少。

2. 最小回流比

（1）含意　回流比减少到精馏段操作线和提馏段操作线的交点落在平衡线上时的回流比。

（2）特点　两操作线的交点落在平衡线上时，液相和气相处于平衡状态，推动力为零，所需理论塔板数为无数块。

（3）计算公式

$$\frac{R_{\min}}{R_{\min}+1}=\frac{x_D-y_q}{x_D-x_q}$$

因此

$$R_{\min}=\frac{x_D-y_q}{y_q-x_q} \tag{4-13}$$

3. 适宜回流比

（1）取值原则　精馏过程的费用包括操作费用和设备费用两方面，操作费用主要是再沸器中加热蒸汽消耗量和冷凝器中冷却水的用量及动力消耗；设备费用主要取决于塔高和塔径。增大回流比操作费用增大。精馏塔由无限高度急剧减小再继续减小，塔径增大，设备费用先减小后增大。总费用最小时的回流比为最适宜的回流比。

（2）设计时一般取值范围　为$R_{宜}=(1.2\sim2)R_{\min}$。

4. 回流比对精馏操作的影响

在塔板数一定，原料液的组成及受热状况也一定的情况下，增大回流比可提高产品的纯度，在再沸器的负荷一定情况下，会降低塔的生产能力。回流比过大，将会造成塔内物料循环量过大，甚至会破坏塔的正常工作。反之，减小回流比的情况正好相反。

三、操作温度和操作压力的影响

1. 操作温度的影响

（1）影响情况　对于双组分两相体系的精馏中，操作温度、操作压力与两相组成中只能两个可独立变化。当总压一定时，塔内各塔板上的温度升高，则易挥发组分的组成下降，反之则相反。

（2）灵敏板及其作用　当操作条件发生变化时，温度将发生显著变化的塔板称为灵敏板，一般取温度变化最大的那块板为灵敏板。通过灵敏板的温度变化，可及早发出信号使调节系统能及时加以调节，以保证精馏产品的合格。

(3) 精馏塔的温控方法

① 精馏段温控：灵敏板取在精馏段的某层塔板处，根据灵敏板的温度，适当调节回流比。例如，当灵敏板温度升高时，反映 x_D 下降，应适当增大回流比，使温度降至规定值。

② 提馏段温控：灵敏板取在提馏段的某层塔板处，根据灵敏板的温度适当调节再沸器加热量。例如当灵敏板温度下降时，反映 x_W 变大，应适当增大再沸器的加热量，使釜温上升，以便保持 x_W 的规定值。

③ 温差控制：是根据两板的温度变化总是比单一板上的温度变化范围要相对大得多的原理来设计的。

2. 操作压力的影响

① 操作压力波动：使每块塔板上气液关系发生的变化　压力升高，气相中难挥发组分减少，易挥发组分浓度增加，液相中易挥发组分浓度也增加，釜液量也增加。同时压力升高后汽化困难，液相量增加，气相量减少，塔内气、液相负荷发生了变化。

总的结果：塔顶馏出液中易挥发组分浓度增加，但产量减少；釜液中易挥发组分浓度增加，釜液量也增加。

② 操作压力增加：组分间的相对挥发度降低，塔板提浓能力下降，分离效率下降。但组分密度增加，塔的处理能力增加。

③ 塔压的波动还将引起温度和组成间对应关系的变化。

例 题 解 析

【例 4-6】 用一常压连续精馏塔分离含苯 0.44（摩尔分数，以下同）的苯-甲苯混合液，要求塔顶产品含苯 0.97 以上，塔底产品含苯 0.0235 以下，原料流量为 10kmol/s，采用回流比为 3.5。已知料液的泡点为 94℃，露点为 100.5℃，混合液的平均摩尔热容为 158.2kJ/(kmol·K)，混合蒸气的平均摩尔热容为 107.9kJ/(kmol·K)，饱和液体汽化成饱和蒸气所需汽化热为 33118kJ/kmol。计算以下三种不同加料时的 q 值，以及精馏段和提馏段的液、气相流量。

(1) 饱和液体加料；(2) 20℃的液体加料；(3) 180℃的蒸气加料。

分析　三种进料热状况下，精馏段的液、气流量 V、L 都相同，在已知 F、x_F、x_D、x_W 的条件下，可通过物料衡算式求出 D 和 W，再由 D 和 R 求出 L 和 V。

要求提馏段的液、气流量，必须先求出 q 值。$q=\dfrac{I_V-i_F}{I_V-i_L}$ 中 (I_V-i_L) 即为料液的摩尔汽化潜热，为已知值；(I_V-i_F) 为 1kmol 料液变为饱和蒸气所需的热量。在过冷液体（本例中为 20℃的液体）进料条件下，其中既有温度变化又有相态变化，在焓值未知的情况下可用显热法和潜热法联合起来求。在过热蒸气（本例中为 180℃的蒸气）加料条件下，其中仅有相变，则可用显热法加以求取。

解　(1) 求精馏段的液、气相流量 V 和 L

由
$$F=D+W$$
$$Fx_F=Dx_D+Wx_W$$

有
$$10=D+W$$
$$10\times 4.4=0.97D+0.0235W$$

解得

$$D = 4.4 \text{kmol/s}$$
$$W = 5.6 \text{kmol/s}$$
$$L = RD = 3.5 \times 4.4 = 15.4 \text{kmol/s}$$
$$V = L + D = 15.4 + 4.4 = 19.8 \text{kmol/s}$$

(2) 求饱和液体加料的 q 值和提馏段气、液流量 L' 和 V'

饱和液体加料，$q=1$，有
$$L' = L + qF = 15.4 + 1 \times 10 = 25.4 \text{kmol/s}$$
$$V' = V - (1-q)F = 19.8 \text{kmol/s}$$

(3) 求 20℃的液体加料时的 q 值和提馏段气、液流量 L' 和 V'

由 $q = \dfrac{I_V - i_F}{I_V - i_L}$ 得

$$q = \frac{c_p(t_2 - t_1) + r}{r} = \frac{158.2 \times (94-20) + 33118}{33118} = 1.353$$

$$L' = L + qF = 15.4 + 1.353 \times 10 = 28.93 \text{kmol/s}$$
$$V' = V - (1-q)F = 19.8 - (1-1.353) \times 10 = 23.33 \text{kmol/s}$$

(4) 求 180℃的蒸气加料

由 $q = \dfrac{I_V - i_F}{I_V - i_L}$ 得

$$q = \frac{(t_2 - t_1)c_p}{r} = \frac{(100.5 - 180) \times 107.9}{33118} = -0.259$$

$$L' = L + qF = 15.4 + (-0.259) \times 10 = 12.81 \text{kmol/s}$$
$$V' = V - (1-q)F = 19.8 - [1 - (-0.259)] \times 10 = 7.21 \text{kmol/s}$$

【例 4-7】 常压下甲醇和水的相平衡数据如表 4-1 所示。

表 4-1 常压下甲醇和水的相平衡数据

甲醇摩尔分数/%		温度/℃	甲醇摩尔分数/%		温度/℃
液相中	气相中		液相中	气相中	
0.0	0.0	100.0	40.0	72.9	75.3
2.0	13.4	96.4	50.0	77.9	73.1
4.0	23.3	93.5	60.0	82.5	71.2
6.0	30.4	91.2	70.0	87.0	69.3
8.0	36.5	89.3	80.0	91.5	67.6
10.0	41.8	87.7	90.0	95.8	66.0
15.0	51.7	84.4	95.0	97.9	65.0
20.0	57.9	81.7	100.0	100.0	64.5
30.0	66.5	78.0			

在常压下欲用连续精馏塔将含甲醇 35%，含水 65% 的混合液分离，以得到含甲醇 95% 的馏出液与含甲醇 4% 的残液（以下均为摩尔分数），操作回流比 2.5，饱和液体进料。试用图解法求理论板层数。

分析 确定理论塔板数的主要依据是相平衡关系和操作线关系。对理想溶液而言，两组分的相对挥发度等于两组分的饱和蒸气压之比，可用相对挥发度表示气、液相平衡关系，即可导出气、液相平衡方程。但对非理想溶液，就导不出这个方程，所以不能用逐板计算法而只能根据气、液相平衡数据作出相平衡线，用图解法求所需理论塔板层数。

在已知进料热状况的情况下，由于 q 线和两操作线三线相交于一点，所以提馏段操作线在 x-y 图（图 4-4）上作法可以是：先作出精馏段操作线和 q 线，两线交于一点，连接此交点与提馏段操作线和对角线的交点即得。

解 ① 根据甲醇和水的相平衡数据在 x-y 图（图 4-4）上作出相平衡线和对角线。

② 在对角线上定点 a（0.95，0.95），点 e（0.35，0.35）和点 c（0.04，0.04）三点。

③ 绘精馏段操作线。依精馏段操作线截距 = $x_D/(R+1)=0.95/(2.5+1)=0.27$，在 y 轴上定出点 b（0，0.27），连 a、b 两点即得。

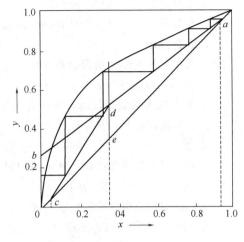

图 4-4　例 4-7 x-y 图

④ 绘提馏段操作线。对于饱和液体进料有 $q=1$，q 线斜率 $=\dfrac{q}{q-1}=\infty$，由 e 点向上作铅垂线，交精馏段操作线方程于 d 点，连接 d、c 即得。

⑤ 绘梯级线。自 a 点开始在平衡线与精馏段操作线之间绘直角梯级，跨过点 d 后改成在平衡线与提馏段操作线之间绘梯级直到跨过 c 点为止。

由图 4-4 中的梯级数得知，全塔所需理论板共 5 层（不包括再沸器），其中精馏段为 3 层，提馏段为 2 层，加料板为从塔顶数起的第 4 层。

【例 4-8】 连续精馏达到稳定后，改变下列操作，不能提高产品纯度的是（　　）。

A. 增大回流比　　　　　　B. 降低原料液的温度
C. 增大过冷液体进料量　　D. 增大再沸器内加热蒸气消耗量

分析 提高产品纯度，即增大产品中易挥发组分的组成。

增大回流比，下降的液体流量增大，使上升蒸气温度下降，易挥发组分组成增大，馏出液中易挥发组分的组成亦增大。

降低原料液的温度，上升蒸气流量减少，温度下降，易挥发组分组成增加。

增大过冷液体进料量，在不增加再沸器加热量的情况下，会造成与降低原料液的温度相似的结果。

增大再沸器中加热蒸气消耗量，上升蒸气流量增大，操作压力增大，温度升高，上升蒸气中易挥发组分组成下降，产品纯度降低。

答 D。

习　题

一、填空题

1. 实际生产中送入精馏塔内的物料有以下五种不同热状况：（1）_____液体，温度低于泡点温度以下；（2）_____液体，温度处于泡点温度；（3）_____，温度处于泡点温度和露点温度之间；（4）_____蒸气，在露点温度；（5）_____蒸气，高于露点温度。

2. 回流比表示塔顶回流的_____量与_____流量的比值，它有两个极值，即_____回流与_____回流。

3. 适宜回流比的选择，应根据要求使_____费和_____费之和为最小的原则来确定。
4. 精馏塔通过灵敏板进行温控的方法有_____温控、_____温控和_____控制。

二、选择题

1. 关于 q 线的叙述错误的是（　　）。
   A. 与对角线交于 (x_F, x_F) 点　　　　　B. 其斜率仅由 q 值决定
   C. 在 y 轴上的截距仅由 q 值决定　　　D. 在精馏段和提馏段操作线的交点上
2. 过冷液体进料，其 q 值（　　）。
   A. 大于1　　B. 等于1　　C. 大于零而小于1　　D. 等于零
3. 高于露点的蒸气送料，其 q 线的斜率（　　）。
   A. 大于零　　B. 等于零　　C. 小于零　　D. 为无穷大
4. 不影响理论塔板数的是进料的（　　）。
   A. 位置　　B. 热状况　　C. 组成　　D. 进料量
5. 下列说法错误的是（　　）。
   A. 回流比增大时，操作线偏离平衡线越远，越接近对角线
   B. 全回流时所需理论塔板数最小，生产中最好选用全回流操作
   C. 全回流有一定实用价值
   D. 实际回流比应在全回流和最小回流比之间
6. 对最小回流比的叙述中错误的是（　　）。
   A. 在实际生产中不能采用　　　　B. 可通过作图来求算
   C. 回流量接近于零　　　　　　　D. 是实际回流比的计算基础
7. （　　）交于一点的回流比为最小回流比。
   A. q 线和平衡线　　　　　　　B. 两操作线
   C. q 线与两操作线　　　　　　D. q 线、平衡线与精馏段操作线
8. 增大回流比（　　）。
   A. 在加料量和产量一定的情况下，减少了操作费用
   B. 在加料量和产量一定的情况下，增大了设备费用
   C. 在设备和原料相同情况下，可提高产品的纯度
   D. 在设备和原料相同情况下，增大了塔的生产能力
9. 灵敏板（　　）。
   A. 即操作条件变化时，塔内温度变化最大的那块板
   B. 板上温度变化，物料组成不一定都变
   C. 板上温度升高，反映塔顶液相组成 x_W 变大
   D. 温度升高，反映塔底产品组成增大
10. 精馏塔的操作压力增大（　　）。
    A. 气相量增加　　　　　　　　B. 液相和气相中易挥发组分的浓度都增加
    C. 塔的分离效率增大　　　　　D. 塔的处理能力减少

三、计算题

1. 在常压操作的连续精馏塔中，分离含乙醇0.3、含水0.7（以上均为摩尔分数）的溶液，要求塔顶产品含乙醇0.86以上，塔底含乙醇0.02以下，物料流量15kmol/s，采用回流比为3。已知料液的泡点为81.8℃，试求以下各种状况下的 q 值以及精馏段和提馏段的气、液相流量。
（1）进料温度为40℃；

（2）饱和液体进料；
（3）饱和蒸气进料。

2. 在某二元混合物连续精馏操作中，若进料组成及流量不变，总理论板数及加料板位置不变，塔顶产品采出率 D/F 不变，试定性分析在进料热状况参数 q 增大，回流比 R 不变的情况下，x_D、x_W 和塔釜蒸发量（V'）的变化趋势。

3. 今欲在连续精馏塔中将含甲醇 40% 与水 60% 的混合液在常压下加以分离，以得到含甲醇 95%（均为摩尔分数）的馏出液。若进料为饱和液体，试求最小回流比。若取回流比为最小回流比的 1.5 倍，求实际回流比。

4. 今处理苯-甲苯混合液,已知为饱和液体进料,原料组成为 $x_F=0.4$,馏出液组成为 $x_D=0.9$,残液组成为 $x_W=0.05$(均为摩尔分数计),取操作回流比为 2.5。试求:
(1) 理论塔板数;
(2) 加料板位置(常压下苯-甲苯的相平衡数据见教材附录二十一);
(3) 若总板效率为 65%,试确定其实际塔板数。

第五节 精馏过程的热量平衡与节能

知 识 要 点

一、精馏过程的热量平衡

1. 全塔热量衡算

(1) 作用 确定再沸器内加热蒸汽消耗量。

(2) 衡算方法

① 加热蒸汽带入的热量 Q_h,kJ/h
$$Q_h = W_h(I-i)$$

② 原料带入的焓 Q_F,kJ/h。此项焓值与进料热状况有关。如原料为液体($q \geqslant 1$)时
$$Q_F = Fc_F t_F$$

③ 回流液带入的焓 Q_R,kJ/h
$$Q_R = DRc_R t_R$$

④ 塔顶蒸气带出的焓 Q_V,kJ/h
$$Q_V = D(R+1)I_V$$

⑤ 再沸器内残液带出的焓 Q_W,kJ/h
$$Q_W = Wc_W t_W$$

⑥ 损失于周围的热量 Q_π,kJ/h。

全塔热量衡算式为
$$Q_h + Q_F + Q_R = Q_V + Q_W + Q_\pi$$

再沸器内加热蒸汽消耗量为

$$W_h = \frac{Q_V + Q_W + Q_\pi - Q_F - Q_R}{I - i} \tag{4-14}$$

2. 冷凝器的热量衡算

作用：确定塔顶冷凝器中冷却介质的用量。

二、节能方法简介

1. 中间冷凝器和中间再沸器

对于顶温低于环境温度，底温高于环境温度而且顶、底温差较大的精馏塔，可用比塔顶冷凝器温度稍高而价格较低的冷剂作为冷量及用温度比塔底再沸器稍低而价格较廉的热剂作为热源，达到节能的目的。

2. 多效精馏

是仿效多效蒸发的原理，把一个精馏塔分成压力不同的多个塔达到节能的目的。

3. 热泵精馏

热泵系统实质上是一个制冷系统，主要设备为压缩机和膨胀器。

例 题 解 析

【例 4-9】 在一常压连续精馏塔中，将 15000kg/h 含苯 40％（质量分数，下同）、甲苯 60％的混合液分离为含苯 97％的馏出液和含苯 2％的残液。采用回流比为 3，进料为 20℃ 的液体。假定所有加热蒸汽的压力（表压）为 137.3kPa，冷凝后的水不再冷却，而塔的热损失可忽略不计。试求每小时加热蒸汽消耗量。

分析 因为塔的热损失可忽略不计，所以全塔热量衡算与五个热量值有关，即①加热蒸汽带入的热量 Q_h；②原料液带入的热量 Q_F；③回流液带入的热量 Q_R；④塔顶蒸气带出的热量 Q_V；⑤再沸器内残液带出的热量 Q_W。

解题时，多数的时间和精力花在查算各有关的温度、比热容、焓值上，这也是解题的关键所在。本来原料液、回流液（塔顶蒸气）、残液的温度通过查取双组分溶液的温度组成图（t-x-y 图）较为方便，但教材中没有介绍。可利用附录二十一（1）中苯-甲苯在 101.3kPa（绝压）下的气液平衡关系数据查取并用插入法进行求算；比热容的值应在求出平均温度后从附录十四查取；水蒸气的汽化热可从附录八查算；塔顶蒸气的焓可采用显热法和潜热法联合求取，其中汽化热可通过附录十六查取。

需注意的是查取混合液的汽化热时附录十六蒸发潜热共线图中左边纵坐标是 (t_c-t)，即临界温度与蒸发温度的差值。因为馏出液中含甲苯量很少，残液中含苯量很少，为简便起见，查取有关物理量时可分别用苯和甲苯的值替代之。例中水蒸气的压力为表压，查温度时要将其换算成绝压。

解 已知 $F=15000$kg/h，$x_F=40\%$，$x_D=97\%$，$x_W=2\%$，由物料衡算式

$$F = D + W$$
$$F x_F = D x_D + W x_W$$

有
$$15000 = D + W$$
$$15000 \times 0.40 = 0.97D + 0.02W$$

解得
$$D = 6000 \text{kmol/h}$$

$$W = 9000 \text{kmol/h}$$

（1）加热蒸汽带入的热量 Q_h　查附录八得水蒸气在 137.3kPa（表压）（绝压为 238.6kPa）时的汽化热 $(I-i)$ 为 2190kJ/kg。所以有

$$Q_h = W_h(I-i) = 2190 W_h \text{ kJ/h}$$

（2）原料带入的热量 Q_F　平均温度 20/2=10℃时，由附录十四查得 $c_F = 1.58$kJ/(kg·K)，所以有

$$Q_F = F c_F t_F = 15000 \times 1.58 \times 20 = 474000 \text{kJ/h}$$

（3）回流液带入的热量 Q_R　查附录二十一（1）得馏出液温度 $t_R \approx 80.2$℃；在平均温度 $\frac{80.2}{2} = 40.1$℃时查附录十四得 $c_R = 1.71$kJ/(kg·℃)，所以有

$$Q_R = DR c_R t_R = 6000 \times 3 \times 1.71 \times 80.2 = 2468556 \text{kJ/h}$$

（4）塔顶蒸气带出的热量 Q_V　由附录十六查得 80.2℃时混合液的汽化潜热为 388kJ/kg，所以塔顶蒸气的焓为

$$I_V = 388 + 1.71 \times 80.2 = 525 \text{kJ/kg}$$

所以有

$$Q_V = D(R+1)I_V = 6000 \times (3+1) \times 525 = 12600000 \text{kJ/h}$$

（5）残液带出的热量 Q_W　查附录二十一（1）得残液温度 $t_W \approx 110.6$℃；查附录十四得平均温度 $\frac{110.6}{2} = 55.3$℃时 $c_W = 1.80$kJ/kg，所以有

$$Q_W = W c_W t_W = 9000 \times 1.80 \times 110.6 = 1791720 \text{kJ/h}$$

（6）加热蒸汽消耗量

$$W_h = \frac{Q_V + Q_W + Q_\pi - Q_F - Q_R}{I - i}$$

$$= \frac{12600000 + 1791720 + 0 - 474000 - 2468556}{2190}$$

$$= 5228 \text{kg/h}$$

习　题

一、填空题

1. 通过对精馏塔进行热量衡算，可求得塔底再沸器中的_____和塔顶冷凝器中_____的消耗量。

2. 在全塔热量衡算中，进入精馏塔的热量包括：(1)_____带入的热量；(2)____带入的热量；(3)_____带入的热量。离开精馏塔的热量包括：(1)_____带出的热量；(2)_____带出的热量；(3)损失于周围的热量。

3. 本节专门简介的精馏过程中节能的方法有：(1)中间_____器和中间_____器；(2)_____精馏；(3)_____精馏。

二、选择题

1. 混合物中各组分沸点相近时，可采用的节能方法是（　　）。
A. 中间冷凝器和中间再沸器　　B. 多效精馏　　C. 热泵精馏　　D. 均不行

2. 下列说法错误的是（　　）。
A. 中间冷凝器用的是比塔顶冷凝器温度稍高而价格较低的冷剂作冷源

B. 多效精馏时，前一效的压力一定高于后一效
C. 热泵实质上是一个制冷系统
D. 塔顶蒸气作为热泵的工作介质可省去塔底再沸器

三、计算题

1. 在常压连续精馏塔中，每小时将 182kmol 含乙醇摩尔分数为 0.144 的乙醇水溶液进行分离。要求塔顶产品中乙醇摩尔分数不低于 0.86，釜中乙醇摩尔分数不高于 0.012，进料为 20℃ 冷料，其 q 值为 1.135，回流比为 4，再沸器内采用 160kPa 水蒸气加热。试求每小时蒸汽消耗量。釜液浓度很低，其物理性质可认为与水相同。

2. 某苯与甲苯精馏塔进料量为 1000kmol/h，摩尔分数为 0.5。要求塔顶产品摩尔分数不低于 0.9，塔釜摩尔分数不大于 0.1，饱和液体进料，回流比为 2，相对挥发度为 2.46，平均板效率为 0.55。求：

(1) 满足以上工艺要求时，塔顶、塔底产品量各为多少？采出 560kmol/h 行吗？采出最大极限值是多少？当采出量为 535kmol/h 时，若仍要满足原来的产品浓度要求，可采取什么措施？

(2) 仍用此塔来分离苯、甲苯体系，若在操作过程中进料浓度发生波动，由 0.5 降为 0.4。①在采出率 D/F 及回流比不变的情况下，产品浓度会发生什么变化？②回流比不变，采出率为 0.4，产品浓度如何？③若要使塔顶塔釜保持 $x_D \geqslant 0.9$，$x_W \leqslant 0.1$，可采取什么措施？具体如何调节？

(3) 对于已确定的塔设备，在精馏操作中加热蒸汽发生波动，蒸汽量为原来的 4/5，在回流

比不变的情况下，会发生什么现象？如希望产品浓度不变，$x_D \geqslant 0.9$，$x_W \leqslant 0.1$，可采取哪些措施？如何调节？

第六节 其他蒸馏方式

知识要点

一、简单蒸馏
是一种间歇操作，主要设备为蒸馏釜，冷凝器和产品贮罐。分离程度不高。

二、闪蒸
混合液通过加热器升温（未沸腾）后，经节流阀减压至预定压强送入分离室，由于压强的突然降低，使得由加热器来的过热液体在减压情况下大量自然蒸发，最终产生相互平衡的气、液两相。分离程度不高。

三、特殊精馏
1. 间歇精馏
(1) 操作特点 是分批操作，过程非定态，只有精馏段没有提馏段。
(2) 适用于 处理量小，物料品种常改变的场合，或小试时用。
2. 恒沸精馏与萃取精馏
(1) 应用 对相对挥发度 $\alpha=1$ 的恒沸物或 α 值过低的物系的分离。
(2) 共同点 都是在被分离的混合液中加入第三组分，用以改变原溶液中各组分间的相对挥发度而达到分离的目的。

（3）不同点　恒沸精馏中加入的第三组分（称添加剂或挟带剂）一般挥发能力较大；萃取精馏中加入的第三部分（称添加剂或萃取剂）为挥发能力很小的溶剂。萃取精馏中加入的第三组分和原溶液中的各组分不形成新的恒沸物，这是和恒沸精馏的主要区别。

习　题

一、填空题

1. 生产上采用的蒸馏方式主要以＿＿＿＿＿进行，但在某些场合下也可采用＿＿＿＿＿、＿＿＿＿＿及＿＿＿＿＿精馏、＿＿＿＿＿精馏与＿＿＿＿＿精馏等特殊方式的精馏。

2. 简单蒸馏是一种＿＿＿＿（连续、间歇）操作，主要装置有＿＿＿＿＿、＿＿＿＿＿器和＿＿＿＿＿等。

3. 闪蒸亦称为＿＿＿＿＿蒸馏，主要装置有＿＿＿＿＿器、＿＿＿＿＿、＿＿＿＿＿和＿＿＿＿＿器。

4. 恒沸精馏和萃取精馏都往被分离的混合物中加入＿＿＿＿＿组分，用以改变原溶液各组分间的＿＿＿＿＿而达到分离的目的。

5. 精馏操作的进展主要表现在：（1）设备的＿＿＿＿＿和改造；（2）不断完善＿＿＿＿＿或采用新的＿＿＿＿＿及＿＿＿＿＿；（3）在精馏过程的＿＿＿＿＿上。

二、选择题

1. 简单蒸馏和闪蒸相同之处是（1）都有加热装置和冷凝装置，（2）直接运用蒸馏原理，（3）有自蒸发现象，（4）分离效率不高，四点中的（　　）。
　　A.（1）（2）　　　　B.（1）（2）（3）　　　　C.（1）（2）（4）　　　　D.（3）（4）

2. 间歇精馏（　　）。
　　A. 采用全回流操作　　　　　　　　B. 可获得较纯的易挥发组分和较纯的难挥发组分
　　C. 只有精馏段没有提馏段　　　　　D. 可处理大量物料

3. 关于恒沸精馏与萃取蒸馏的叙述错误的是（　　）。
　　A. 加入的第三组分都是用以改变原溶液中各组分的相对挥发度
　　B. 恒沸蒸馏只用于恒沸物的分离
　　C. 两者的主要区别是加入的第三组分和原溶液中的组分能否形成新的恒沸物
　　D. 萃取剂的挥发度很小

第七节　精　馏　设　备

知　识　要　点

精馏装置：包括精馏塔（主要设备）、再沸器和冷凝器等设备。

精馏塔的基本功能：为气、液两相提供充分接触的机会，使传热和传质过程迅速而有效地进行；并且使接触后的气、液两相及时分开，互不夹带。

精馏塔分类：根据塔内气、液接触部件的结构形式可分为板式塔和填料塔两大类型。

一、板式塔

1. 板式塔的结构

根据塔板间有无降液管沟通，板式塔分为有降液管及无降液管两大类。有降液管板式塔的组成如下。

（1）塔体　通常为圆柱形。

（2）溢流装置　包括出口堰、降液管、进口堰、受液盘等。

① 出口堰：使塔板上贮有一定量的液体，以保证气、液两相在塔板上有充分接触的时间。

② 降液管：是塔板间液流通道，也是溢流液中所夹带气体分离的场所。

③ 受液盘：即降液管下方部分的塔板。

④ 进口堰：在塔径较大的塔中，为减少液体自降液管下方流出的水平冲击而设置。

(3) 塔板及其构件　目前使用较为广泛的有泡罩塔板、筛孔塔板、浮阀塔板等。

2. 板式塔的类型

(1) 泡罩塔

① 结构：塔板上主要元件为泡罩，泡罩底部有齿缝，安装在升气管上。

② 优点：操作很稳定并有完整的设计资料和部分标准。

③ 缺点：结构复杂，压降大，造价高。

(2) 筛板塔

① 结构：直接在板上开很多的小直径的筛孔。

② 优点：结构简单，造价低，生产能力大，板效率高，压降低。

(3) 浮阀塔

① 结构特点：在筛板塔基础上，在每个筛孔处安装一个可上下浮动的阀体。

② 性能特点：生产能力大，操作弹性大，板效率高。

3. 塔板上的流体力学现象

(1) 塔板上气液接触情况

① 鼓泡接触状态：上升蒸气流速较低，气体在液层中吹鼓泡的形式是自由浮力，气液接触面积不大。

② 蜂窝状接触状态：气速增加，形成以气体为主的类似蜂窝状泡结构的气泡泡沫混合物，对传质、传热不利。

③ 泡沫接触状态：气速连续增加，板上液体大部分均以膜的形式存在于气泡之间，形成一些直径较小、搅动十分剧烈的动态泡沫，是一种较好的塔板工作状态。

④ 喷射接触的状态：气速连续增加，把板上的液体向上喷成大小不等的液滴，直径较大者落回塔板上，直径较小者被气体带走形成液沫夹带，也是一种较好的工作状态。

(2) 塔板上的不正常现象

① 漏液：气速较低时，液体从塔板上的开孔处下落的现象。

② 液沫夹带：气速增大，某些液滴被带到上一层塔板的现象。

③ 气泡夹带：是指在一定结构的塔板上，因液体流量过大导致溢流管中液体所夹带的气泡等不及从管中脱出而被夹带到下一层塔板的现象。

④ 液泛现象

a. 夹带液泛：上升气速很高时，液体被气体夹带到上一层塔板流量猛增，使塔板间充满气液混合物，最终使整个塔内都充满液体的现象。

b. 溢流液泛：因一定原因，液体不能顺利地通过降液管下降，在塔板上积累而充满整个板间的现象。

二、辅助设备

主要是各种形式的换热器，包括塔底溶液再沸器、塔顶蒸气冷凝器、料液预热器、产品冷却器等；另外还需管线以及流体输送设备等。其中再沸器和冷凝器是保证精馏过程能连续进行稳定操作所必不可少的两个换热器。

习　题

一、填空题

1. 根据塔内气液接触部件的结构形式分,精馏塔可分为_____塔和_____塔两大类。
2. 常根据塔板间有无降液管沟通将板式塔分为有降液管、无降液管两大类,用得最多的是_____(有、无)降液管式的板式塔,它主要由_____、_____装置和_____构件等组成。
3. 溢流装置包括_____堰、_____管、_____堰、_____盘等部件。
4. 根据塔板结构,塔式塔可分为_____塔、_____塔、_____塔等。
5. 塔板上气液接触状况有_____、_____、_____、_____接触状态等,多数塔操作均控制在_____接触状态。
6. 塔板上的不正常现象有_____、_____夹带和_____夹带、_____现象。
7. 精馏装置的辅助设备主要是各种形式的_____器,包括塔底_____器、塔顶_____器、料液_____器、产品_____器等；另外还有_____及_____设备等。

二、选择题

1. 下列叙述错误的是（　　）。
   A. 板式塔内以塔板作为气、液两相接触传质的基本构件
   B. 安装出口堰是为了保证气、液两相在塔板上有充分接触时间
   C. 降液管是塔板间液流通道,也是溢流液中所夹带气体分离的场所
   D. 降液管与下层塔板的间距应大于出口堰的高度
2. 泡罩塔的优点的是（　　）。
   A. 结构简单　　　　　B. 造价低　　　　　C. 操作稳定　　　　　D. 压降小
3. 筛板塔的缺点有（　　）。
   A. 结构复杂造价高　　B. 生产能力和板效率低　C. 压降大　　　　　D. 操作弹性小
4. 浮阀塔的缺点是（　　）。
   A. 生产能力小　　　　B. 操作弹性小　　　　C. 板效率低　　　　D. 以上均不是
5. 由气体和液体流量过大两种原因共同造成的是（　　）现象。
   A. 漏液　　　　　　　B. 液沫夹带　　　　　C. 气泡夹带　　　　D. 液泛

第八节　精馏塔的操作

知　识　要　点

一、一般操作步骤

① 准备工作；
② 预进料；
③ 冷凝器和再沸器投入使用；
④ 建立回流；
⑤ 进料与出产品；
⑥ 控制调节；

⑦ 停车。

二、控制调节的方法

精馏塔控制与调节的实质是控制塔内气、液相负荷的大小，以保证塔设备良好的传热传质，获得合格的产品。但气、液相负荷是无法直接控制的，生产中主要通过控制温度、压力、进料量和回流比来实现。运行中要注意各参数的变化，及时调整。

习 题

一、填空题

精馏塔的一般操作步骤为：(1)_____工作；(2)_____；(3)_____器投入使用；(4)建立_____；(5)____与____；(6)控制调节；(7)_____。

二、判断——精馏塔的操作先后顺序正确与否

1. 充氮置换空气后再进料。（　　）
2. 先往再沸器中通加热蒸汽，再打开塔顶冷凝器中的冷却水。（　　）
3. 先全回流再调节回流比。（　　）
4. 通过控制温度、压力、进料量和回流比来调节气、液相负荷。（　　）
5. 先停再沸器，再停进料。（　　）
6. 先停进料，后停产品采出。（　　）
7. 先停产品采出，再停冷却水。（　　）

综合练习题

一、填空题（每空1分，共35分）

1. 蒸馏是以液体混合物中各组分_____能力的不同作为依据的。
2. 多次部分汽化，在_____相中，可得到高纯度_____挥发组分；多次部分冷凝，在____相可得到高纯度的____挥发组分。
3. 精馏就是_____而且____运用部分汽化和部分冷凝，使混合物得到_____分离，以获得接近纯组分的操作。
4. 通过精馏段和提馏段的物料衡算，可得出两段的_____。
5. 理想溶液中两个组分的相对挥发度等于它们的_____之比。
6. 理论塔板数确定的主要依据是_____关系和_____关系。
7. 某连续精馏塔中，若精馏段操作线的斜率等于1，则回流比为_____，馏出液量为_____。
8. 通过对精馏塔进行热量衡算，可求得塔_____再沸器中的_____和塔____冷凝器中，_____的消耗量。
9. 热泵精馏中热泵实质上是一个_____系统，主要设备为_____机和_____器。
10. 特殊方式的精馏有_____精馏、_____精馏与_____精馏等。
11. 精馏装置中主要设备是_____；辅助设备是各种型式的_____器，其中____器和_____器是保证精馏过程能连续进行稳定操作所必不可少的。
12. 有降液管的板式塔主要由_____、_____装置和_____构件等组成。
13. 板式塔中塔板上的不正常现象有：_____、_____夹带和_____夹带、_____现象。

二、**选择题**（每小题 2 分，共 28 分）

1. 精馏塔中自上而下（ ）。
   A. 分为精馏段、加料板和提馏段三个部分　　B. 温度依次降低
   C. 易挥发组分浓度依次减少　　　　　　　　D. 蒸气质量依次减少

2. 下列说法正确的是（ ）。
   A. 精馏塔中每层塔板上液体和蒸气的摩尔流量均相等
   B. 全塔物料衡算式和操作线方程中的流量和组成既可用摩尔流量和摩尔分数，也可用质量流量和质量分数表示
   C. 平衡线和操作线均表示同一层塔板上气、液两相的组成关系
   D. 用逐板计算法和图解法求理论塔板数的依据完全相同

3. 对理论板的叙述错误的是（ ）。
   A. 板上气、液两相呈平衡状态　　　　　　　B. 实际上不可能存在
   C. 是衡量实际塔板分离效率的一个标准　　　D. 比实际塔板数多

4. 处于露点的物料是（ ）。
   A. 过冷液体　　B. 饱和液体　　C. 饱和蒸气　　D. 过热蒸气

5. 关于 q 线的叙述错误的是（ ）。
   A. 是两操作线交点的轨迹　　　　　　　　　B. 其斜率仅与进料状况有关
   C. 与对角线的交点仅由进料组成决定　　　　D. 能影响两操作线的斜率

6. 最小回流比（ ）。
   A. 回流量接近于零　　　　　　　　　　　　B. 在生产中有一定应用价值
   C. 不能用公式计算　　　　　　　　　　　　D. 是一种极限状态，可用来计算实际回流比

7. 其他条件不变的情况下，增大回流比能（ ）。
   A. 减少操作费用　　　　　　　　　　　　　B. 增大设备费用
   C. 提高产品纯度　　　　　　　　　　　　　D. 增大塔的生产能力

8. （ ）的斜率仅由回流比决定。
   A. 平衡线　　　　　　　　　　　　　　　　B. 精馏段操作线
   C. 提馏段操作线　　　　　　　　　　　　　D. q 线

9. 间歇精馏（ ）。
   A. 采用全回流操作　　　　　　　　　　　　B. 可获得较纯的易挥发组分和难挥发组分
   C. 适用于处理量少物料品种常改变的场合　　D. 操作过程中可分批加料

10. 恒沸精馏与萃取蒸馏（ ）。
    A. 分别用于分离恒沸混合液和各组分相对挥发度小的混合液
    B. 加入的第三组分都是用来改变原溶液中各组分间的相对挥发度
    C. 加入的第三组分均不能与原溶液中的组分形成新的恒沸物
    D. 加入的第三组分的挥发度都很小

11. 下列板式塔中，压降最小的是（ ），弹性最大的是（ ）。
    A. 泡罩塔　　B. 筛板塔　　C. 浮阀塔　　D. 无法比较

12. 多数塔操作时塔板上气、液接触均控制在（ ）状态。
    A. 鼓泡　　B. 蜂窝　　C. 泡沫　　D. 喷射

13. 塔板上造成气泡夹带的原因是（ ）。

A. 气速过大   B. 气速过小   C. 液流量过大   D. 液流量过小

14. 精馏塔的下列操作中先后顺序正确的是（   ）。

A. 先通加热蒸汽再通冷凝水   B. 先全回流再调节回流比

C. 先停再沸器，再停进料   D. 先停冷却水，再停产品产出

三、计算题（共 37 分）

1. 求含 40%乙醇（质量分数）的水溶液中的（1）乙醇的摩尔分数；（2）乙醇水溶液的平均摩尔质量。（5 分）

2. 将含有 24%易挥发组分的某混合液送入连续精馏塔精馏后，馏出液和残液中易挥发组分的含量分别为 95% 和 3%（均为摩尔分数）。塔顶蒸气量为 850kmol/h；回流量为 670kmol/h。试求残液量。（6 分）

3. 设上题所述的入塔料液为泡点温度。试求出精馏段操作线方程及提馏段操作线方程，并将其标绘于 x-y 图上（塔中操作压力为 101.3kPa）。（6 分）

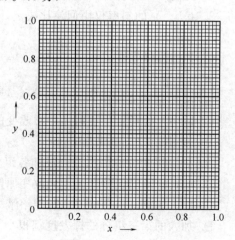

4. 欲设计一连续操作的精馏塔，在常压下分离苯-甲苯混合液，泡点进料，原料组成为 $x_F=0.4$，馏出液组成为 $x_D=0.95$，残液组成为 0.05（均以摩尔分数计），物系的相对挥发度为 2.5。

(1) 求最小回流比。

(2) 若取回流比为最小回流比的 1.5 倍，试分别用逐板计算法和图解法求理论塔板数和加料板位置。（12分）

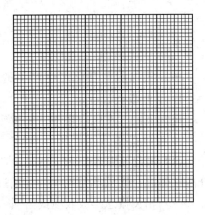

5. 用一常压连续精馏塔分离含苯 0.44（摩尔分数，下同）的苯-甲苯混合液，要求塔顶产品含苯 0.95 以上，塔底产品含苯 0.03 以下，原料液流量 12kmol/s。采用回流比为 3。从 x-y 图上查得料液的泡点温度为 93℃，已求得混合液的平均摩尔热容为 158kJ/(kmol·K)，饱和液体汽化成饱和蒸气所需汽化热为 30350kJ/(kmol·K)。计算 20℃的液体进料时的 q 值以及精馏段和提馏段的液、气相流量。（8分）

第五章 气 体 吸 收

第一节 概　　述

知 识 要 点

一、气体吸收在化工生产中的应用

1. 工业吸收过程

通常吸收（在吸收塔中）和解吸（在解吸塔中）连续进行。

2. 吸收操作

(1) 概念及基本原理　气体吸收是利用气体混合物各组分在液体溶剂中溶解度的差异来分离气体混合物的单元操作。其逆过程是脱吸或解吸。

(2) 相关概念　吸收质或溶质（A）；惰性组分或载体（B）；吸收剂（S）；吸收液（S+A）吸收尾气（B+A）。

(3) 操作过程　吸收过程是溶质由气相转移到液相的相际传质过程；解吸过程是使溶质从吸收液中释放出来，以便得到纯净的溶质或使吸收剂再生后循环使用。

3. 气体吸收的工业应用

(1) 回收混合气体中有价值的组分；

(2) 除去有害组分以净化气体；

(3) 制备某种气体的溶液；

(4) 工业废气的处理。

二、气体吸收的分类

物理吸收和化学吸收；单组分吸收和多组分吸收；等温吸收和非等温吸收。

三、吸收剂选择时应注意的问题

(1) 溶解度　对溶质组分的溶解度要尽可能大。

(2) 选择性　对溶质要有良好的吸收能力，对混合气体中的惰性组分不吸收或吸收甚微。

(3) 挥发度　操作温度下蒸气压要低。

(4) 黏度　要低。

(5) 其他　无毒性、腐蚀性，不易燃易爆，不发泡，冰点低，价廉易得及化学性质稳定等。

习　　题

一、填空题

1. 气体吸收是利用气体混合物中各组分在_____中_____的差异来分离气体混合物的单元操作。

2. 混合气体中，能够溶解的组分称为_____或_____；不被吸收的组分称为____组分或_____；吸收操作中所用的溶剂称为_____；吸收操作中所得到的溶液称为_____；排出的气体称为_____。

3. 气体吸收的工业应用大致有：(1) 回收混合气体中_____的组分；(2) 除去____组分以净化气体；(3) 制备某种气体的_____；(4) 工业____气的治理。

4. 为达到吸收操作的目的必须解决：(1) 选择合适的_____；(2) 提供合适的_____；(3) 确保溶剂的_____与_____使用。

5. 按不同的分类依据，气体的吸收可分为：(1) _____吸收和_____吸收；(2) ____吸收和____吸收；(3) _____吸收和_____吸收。

6. 在选择吸收剂时应注意：____度、____性、____度、____度、其他要求等。

7. 搞好气体吸收工作必须学习的内容：(1) _____相平衡与吸收过程的关系；(2) 影响_____的因素与提高_____的方法；(3) 吸收的_____平衡；(4) 吸收_____分析；(5) 吸收_____。

二、判断题

1. 在吸收操作中，不被吸收的气体称为惰性组分，即吸收尾气。（ ）
2. 吸收操作是双向传质过程。（ ）
3. 用水吸收 CO_2 属于化学吸收。（ ）
4. 所选吸收剂的黏度要低。（ ）

第二节　从溶解相平衡看吸收操作

知 识 要 点

一、气液相平衡关系

1. 气相和液相组成的表示方法

(1) 物质的量比（摩尔比）概念　是指混合物中一组分的物质的量与另一组分物质的量的比值，用 X（液相）或 Y（气相）表示。

(2) 表达式

$$X_A = n_A/n_B \tag{5-1}$$

$$Y_A = n_A/n_B \tag{5-1a}$$

(3) 与摩尔分数的换算关系

$$X_A = x_A/(1-x_A) \tag{5-2}$$

$$Y_A = y_A/(1-y_A) \tag{5-2a}$$

2. 相平衡关系

(1) 亨利定律（一定温度，气相总压不高时，稀溶液中）

$$p^* = Ex \quad \text{或} \quad p = Ex^* \tag{5-3}$$

亨利定律的不同表达形式：

根据道尔顿分压定律 $p^* = p_t y = Ex$，有

$$y^* = \frac{E}{p_t}x = mx \tag{5-4}$$

$$Y^* = \frac{mX}{1+(1-m)X} \tag{5-5}$$

对极稀溶液，可简化为

$$Y^* = mX \tag{5-5a}$$

（2）吸收平衡线　将 Y^* 与 X 的关系标绘在 X-Y 图上，得通过原点的曲线，称吸收平衡线。对稀溶液是一条通过原点的直线，其斜率为 m。

二、气液相平衡关系对吸收操作的意义

① 确定适宜的操作条件——温度、压力。
② 判明过程进行的方向——吸收、解吸。
③ 判明吸收操作的难易程度——从状态点距平衡线远近判断。
④ 确定吸收过程的推动力——$Y-Y^*$、X^*-X 等。

例题解析

【例 5-1】　某混合气体中有氨和空气，其总压为 100kPa，其中氨的体积分数为 0.1。试求氨的分压、摩尔分数和物质的量比。

分析　根据道尔顿分压定律 $p=p_t y$ 和理想气体状态方程 $pV=nRT$ 可证明，在温度相同条件下，理想气体中某一组分的摩尔分数等于压力分数，等于体积分数，即

$$y_A = \frac{n_A}{n_\text{总}} = \frac{p_A}{p_t} = \frac{V_A}{V_\text{总}}$$

氨的分压，可由其摩尔分数 y 与总压 p_t 通过道尔顿分压定律求取；氨的物质的量比可由摩尔分数进行换算。

解　已知混合气体中有氨和空气两种组分，总压 $p_t=100\text{kPa}$，氨的体积分数为 0.1，设氨为组分 A；则 $y_A=0.1$，氨的分压为

$$p_A = p_t y_A = 100 \times 0.1 = 10\text{kPa}$$

氨对空气的物质的量比为

$$Y_A = y_A/(1-y_A) = 0.1/(1-0.1) = 0.11$$

【例 5-2】　下列叙述错误的是（　　）。

A. 对给定物系，影响吸收操作的只有温度和压力
B. 亨利系数 E 仅与物系及温度有关，与压力无关
C. 吸收操作的推动力既可表示为 $(Y-Y^*)$，也可表示为 (X^*-X)
D. 降低温度对吸收操作有利，吸收操作最好在低于常温下进行

分析　本例考查的是对影响吸收操作因素的认识。

吸收操作过程实际就是吸收质溶解于吸收剂的过程；凡影响气体溶解度的因素都会影响吸收操作。给定物系，即吸收质和吸收剂已定，这时影响气体溶解度的因素就只有温度和压力。亨利定律本身就是表示溶质的平衡浓度和该气体的平衡分压的关系，它们之间的比例系数——亨利系数只与物系和温度有关。降低温度，气体的溶解度增大，有利于操作。但低于常温操作，需要制冷系统，不经济，所以工业吸收多在常温下操作。

过程速率是过程推动力和过程阻力的函数。不同过程，其推动力与阻力的内容也不同。通常过程实际状态偏离平衡状态越远，推动力越大，达到平衡时推动力为零，过程速率亦为零。$(Y-Y^*)$ 是吸收质在气相中的实际摩尔比与平衡摩尔比的差值，(X^*-X) 是吸收质在液相中的平衡摩尔比与实际摩尔比的差值，其值越大，实际状态偏离平衡状态越远，吸收速率越大，其值为零时吸收达平衡，吸收速率为零，所以可以用它们来表示吸收的推动力。

答　D。

【**例 5-3**】 在总压为 101.3kPa，温度为 30℃ 条件下，用水吸收混在空气中的 SO_2，SO_2 的体积分数为 0.1000。查得 30℃ 时亨利系数 $E=0.4852\times10^4$ kPa。试求 SO_2 在吸收液中的最大摩尔比。

分析 解本题有两种方法：一种是先利用平衡关系求得 SO_2 在吸收液中的摩尔分数，再换算成摩尔比；另一种是先算出 SO_2 在气相中的摩尔比，再利用平衡关系求 SO_2 在液相中的摩尔比。

解一 已知 $p_t=101.3$ kPa，$E=0.4852\times10^4$ kPa，SO_2 在混合气体中的体积分数为 0.1000（数值上等其摩尔分数 y_A）。所以

$$p_A = p_t y_A = 101.3 \times 0.1000 = 10.13 \times \text{kPa}$$

由

$$p = Ex^*$$

得

$$x^* = p/E = 10.13/(0.4852\times10^4) = 0.002088$$

$$X_A = \frac{x_A}{1-x_A} = \frac{0.002088}{1-0.002088} = 0.002092$$

解二 已知 $p_t=101.3$ kPa，$E=0.4852\times10^4$ kPa，$y_A=0.1000$，有

$$Y_A = \frac{y_A}{1-y_A} = \frac{0.1000}{1-0.1000} = 0.1111$$

$$m = \frac{E}{p_t} = \frac{0.4852\times10^4}{101.3} = 47.90$$

由于溶液很稀，可近似地用式 $Y^* = mX^*$ 求取 X^*，得

$$X^* = \frac{Y}{m} = \frac{0.1111}{47.90} = 0.002319$$

说明 两种方法计算所得结果不很一致，这是由于第二种解法中用了近似公式 $Y=mX^*$，若用公式 $Y=\dfrac{mX^*}{1+(1-m)X^*}$ 计算，两种方法的结果一致。

习 题

一、填空题

1. 在吸收操作中_____总量和_____总量都随吸收的进行而改变，但_____和____的量则始终保持不变。

2. 在乙醇和水的混合物中，若乙醇的质量为 23kg，水的质量为 36kg，则乙醇的质量分数为_____，摩尔分数为_____，乙醇对水的摩尔比为_____。

3. 亨利定律表示在一定温度下，气相总压_____（高、不高）时，_____（浓、稀）溶液中，溶质的平衡_____和该气体的平衡_____间的平衡关系。

4. 根据道尔顿分压定律，混合气体中某组分的分压 $p_A=$_____y_A。亨利定律用 $y^*=mx$ 形式表示时，相平衡常数 m 与亨利系数 E 的关系是 $m=$_____。

5. 将 Y^* 与 X 的关系标绘在 X-Y 图上，得通过_____的一条____线，称为吸收平衡线。

6. 气液相平衡关系对吸收操作的意义：(1) 确定适宜的操作_____；(2) 判明过程进行的_____和_____；(3) 判断吸收操作的_____；(4) 确定过程的_____。

二、选择题

1. 下列说法错误的是（   ）。

A. 吸收操作中用物质的量比表示相组成，是为了简化计算

B. 亨利系数 E 随温度的升高和气体溶解度的增大而增大

C. 亨利定律可用摩尔分数和摩尔比表示

D. 降低温度和增加压力都对吸收操作有利

2. 相平衡常数 m（   　）。

A. 对一定物系随温度升高而减少　　　　B. 对一定物系随总压的升高而减少

C. 在同一溶剂中易溶气体比难溶气体大　D. 与亨利系数无关

3. 在空气和二氧化硫的混合气体中，二氧化硫的体积分数为 20%，则二氧化硫对空气的物质的量比为（   　）。

A. 0.2　　　　　B. 0.25　　　　　C. 4　　　　　D. 5

4. 当物系的状态点处于平衡线上方时（1）发生吸收过程；（2）吸收速率为零；（3）发生解吸过程；（4）其他条件相同情况下状态点距平衡线越远，吸收越易进行，其中正确的是（   　）。

A. （1）　　　　B. （2）　　　　C. （3）　　　　D. （1）（4）

三、计算题

1. 空气和二氧化碳的混合气体中含二氧化碳 20%（体积分数）。求二氧化碳对空气的摩尔比。

2. 100g 纯水中含有 2g 二氧化硫，试以质量分数、摩尔分数和摩尔比表示该水溶液中二氧化硫的组成。

3. 在 25℃ 及总压为 101.3kPa 的条件下，氨水溶液的相平衡关系为 $p^* = 279x \text{kPa}$，试求 100g 水中溶解 1g 氨的溶液上方氨气的平衡分压和相平衡常数 m。

4. 在总压为 101.3kPa，温度为 30℃的条件下，二氧化硫组成为 $y=0.1000$ 的混合空气与二氧化硫组成为 $x=0.002$ 的水溶液接触，试判断二氧化硫的传递方向。已知操作条件下气液相平衡关系为 $y^*=47.9x$。

5. 总压为 101.3kPa，含 CO_2 5%（体积分数）的空气，在 293K 下与 CO_2 浓度为 $3mol/m^3$ 的水溶液接触，试判别其传质方向。若要改变传质方向，可采取哪些措施（$E=1.438\times10^5$ kPa）？

6. CO_2 及其水溶液的平衡关系符合亨利定律，求气相总压为 101.3kPa 和温度为 293K 时的平衡线方程。

第三节 吸收速率

知 识 要 点

一、传质基本方式
（1）分子扩散　物质以分子运动的方式通过静止流体或层流流体的转移。
（2）涡流扩散　通过流体质点的相对运动来传递物质的现象。
流体中的物质传递往往是两种方式的综合贡献，并称为对流扩散。

二、双膜理论
1. 基本要点
① 相界面、两膜层、两主体。
② 相界面上吸收质浓度平衡，对扩散无阻力。
③ 主体内因湍动而浓度分布均匀；双膜内层流，主要靠分子扩散传递物质，浓度变化大；阻力主要集中在双膜内。

2. 吸收质从气相到液相的传质过程　涡流扩散——分子扩散——溶解——分子扩散——涡流扩散。

三、吸收速率方程式

（1）吸收速率概念　单位时间内通过单位传热面积所吸收的溶质的量，用符号 N_A 表示，单位为 $mol/(m^2 \cdot s)$。

（2）吸收速率关系的表示形式　"过程速率＝过程推动力/过程阻力"或"过程速率＝系数×推动力"。

（3）吸收速率方程式的不同形式

① 气膜吸收速率方程
$$N_A = k_Y(Y_A - Y_i) \tag{5-6}$$

② 液膜吸收速率方程
$$N_A = k_X(X_i - X_A) \tag{5-7}$$

③ 用总推动力表示的总吸收速率方程
$$N_A = K_Y(Y_A - Y_A^*) \tag{5-8}$$
$$N_A = K_X(X_A^* - X_A) \tag{5-8a}$$

④ 吸收总阻力表达式
$$1/K_Y = 1/k_Y + m/k_X \tag{5-9}$$
$$1/K_X = 1/(mk_Y) + 1/k_X \tag{5-9a}$$

四、影响单位时间吸收量（吸收负荷）的因素

（1）主要因素　气液接触面积，吸收系数，吸收推动力。

（2）提高吸收负荷的方法

① 提高吸收系数。对易溶气体，m 很小，$K_Y \approx k_Y$，为气膜控制，关键在于降低气膜阻力；对难溶气体，m 很大，$K_X \approx k_X$，为液膜控制，关键在于减少液膜厚度。减少起控制作用的阻力，才能有效地提高吸收速率。

② 增大吸收推动力。

③ 增大接触面积。

例 题 解 析

【例 5-4】　下列叙述正确的是（　　）。

A. 液相吸收总系数的倒数是液膜阻力

B. 增大难溶气体的流速，可有效地提高吸收速率

C. 在吸收操作中，往往通过提高吸收质在气相中的分压来提高吸收速率

D. 增大气液接触面积不能提高吸收速率

分析　液膜吸收速率方程反映的是溶质穿过液膜时吸收速率与吸收推动力和吸收阻力的关系，液膜吸收分系数的倒数是液膜阻力。而液相吸收总系数是吸收总速率方程式中与用气、液相浓度差（如 $X^* - X$，其中 X^* 为与气相浓度相平衡的液相浓度，X 为液相实际浓度）表示的总推动力相对应的吸收系数，与气、液两膜均有关，其倒数应为两膜层阻力之和。

对难溶气体，m 值很大，$K_X \approx k_X$，吸收过程的速率主要受液膜控制，增大难溶气体的流速不能有效地提高吸收速率。

提高吸收质在气相中的分压,可增大吸收推动力。但吸收操作是通过吸收质被吸收剂吸收来分离气体混合物的,吸收的过程就是吸收质在混合气体中含量减少,也即其分压减少的过程,所以不能用增大吸收质在气相中的分压来提高吸收率。

吸收速率是指单位时间内通过单位传质面积所吸收的溶质的量 [mol/(m² · s)],增大气液接触面积能增大单位时间内所吸收的溶质的量,但不能增大吸收速率。

答 D。

【例 5-5】 在填料塔中用清水吸收混于空气中的甲醇蒸气。若在操作条件(101.3kPa 及 293K)下平衡关系符合亨利定律,相平衡常数 $m=0.275$。塔内某截面处的气相组成 $Y=0.03$,液相组成 $X=0.0065$,气膜吸收分系数 $k_Y=0.058$ kmol/(m² · h),液膜吸收分系数 $k_X=0.076$ kmol/(m² · h)。试求该截面处的吸收速率,通过计算说明该吸收过程的控制因素。

分析 本题中求吸收速率的方法有两种,即分别通过气相吸收总系数 K_Y 或液相吸收总系数 K_X 来求取。要说明该吸收过程的控制因素就需计算出液膜阻力与气膜阻力,并加以比较。与 k_Y 与 k_X 对应,液膜阻力与气膜阻力的计算也有两种。

解一 (1) 求该截面处的吸收速率

已知 $Y_A=0.03$,$X_A=0.0065$,$k_Y=0.058$ kmol/(m² · h),$k_X=0.076$ kmol/(m² · h),$m=0.275$,则

$$Y_A^* = mX_A = 0.275 \times 0.0065 = 0.0018$$

$$1/K_Y = 1/k_Y + m/k_X = 1/0.058 + 0.275/0.076 = 20.86 \text{ m}^2 \cdot \text{h/kmol}$$

$$K_Y = 1/20.86 = 0.048 \text{ kmol/(m}^2 \cdot \text{h)}$$

$$N_A = K_Y(Y_A - Y_A^*) = 0.048 \times (0.03 - 0.0018) = 0.0014 \text{ kmol/(m}^2 \cdot \text{h)}$$

(2) 求两膜阻力

气膜阻力 $1/k_Y = 1/0.058 = 17.24 \text{ m}^2 \cdot \text{h/kmol}$

液膜阻力 $m/k_X = 0.275/0.076 = 3.62 \text{ m}^2 \cdot \text{h/kmol}$

气膜阻力为液膜阻力的 17.24/3.62=4.76 倍,为气膜控制。

解二 (1) 求该截面的吸收速率

已知 $Y_A=0.03$,$X_A=0.0065$,$k_Y=0.058$ kmol/(m² · h),$k_X=0.076$ kmol/(m² · h),$m=0.275$,则

$$X^* = Y/m = 0.03/0.275 = 0.11$$

$$1/K_X = 1/(mk_Y) + 1/k_X = 1/(0.275 \times 0.058) + 1/0.076 = 25.82 \text{ m}^2 \cdot \text{h/kmol}$$

$$K_X = 1/25.82 = 0.013 \text{ kmol/(m}^2 \cdot \text{h)}$$

$$N_A = K_X(X_A^* - X_A) = 0.013 \times (0.11 - 0.0065) = 0.0014 \text{ kmol/(m}^2 \cdot \text{h)}$$

(2) 求两膜阻力

气膜阻力 $1/(mk_Y) = 1/(0.275 \times 0.058) = 62.70 \text{ m}^2 \cdot \text{h/kmol}$

液膜阻力 $1/k_X = 1/0.076 = 13.16 \text{ m}^2 \cdot \text{h/kmol}$

气膜阻力为液膜阻力的 62.70/13.16=4.76 倍,为气膜控制。

说明 两种方法计算结果中气膜阻力与液膜阻力之比是相同的,但吸收总系数值不同。这是由于推动力的表示方法不同:K_Y 为吸收质在气相中摩尔比每改变一个单位的吸收速率,K_X 为吸收质在液相中的摩尔比每改变一个单位的吸收速率,由于惰性组分与吸收质的物质的量不同,所以改变的摩尔比值不同,但每单位时间内通过单位面积的吸收质的量是相

同的。

习 题

一、填空题

1. 发生在气体中的传质基本方式有_____扩散与_____扩散两种，总称为_____扩散。
2. 根据双膜理论，在吸收过程中，吸收质从气相主体中以_____扩散的方式到达气膜边界，又以_____扩散的方式通过气膜到达气、液界面，在界面上溶解后以_____扩散的方式穿过液膜到达液膜边界，最后以_____扩散的方式转移到液相主体。
3. 吸收速率是单位时间内通过单位_____所吸收的溶质的量，单位为_____。
4. 吸收速率方程有_____吸收速率方程、_____吸收速率方程及_____或_____的总吸收速率方程等形式。
5. 吸收过程的总阻力等于_____阻力和_____阻力之和。
6. 影响吸收负荷的因素主要是：气液接触_____、吸收_____、吸收_____。
7. 对易溶气体，吸收速率主要受_____膜阻力控制；对难溶气体，吸收速率主要受_____膜阻力控制。

二、选择题

1. 下列不为双膜理论基本要点的是（　　）。
   A. 气、液两相有一稳定的相界面，两侧分别存在稳定的气膜和液膜
   B. 吸收质是以分子扩散的方式通过两膜层的，阻力集中在两膜层内
   C. 气、液两相主体内流体处于湍动状态
   D. 在气、液两相主体中，吸收质的组成处于平衡状态
2. 气相吸收总速率方程式中的（　　）。
   A. 吸收总系数只与气膜有关，与液膜无关
   B. 气相吸收总系数的倒数为气膜阻力
   C. 推动力与界面浓度无关
   D. 推动力与液相浓度无关
3. 某低浓度气体溶质被吸收时的平衡关系服从亨利定律，且 $k_Y = 3 \times 10^{-5}$ kmol/(m²·s)，$k_X = 8 \times 10^{-3}$ kmol/(m²·s)，$m = 0.36$，则该过程是（　　）。
   A. 气膜阻力控制　　　　　　　　B. 液膜阻力控制
   C. 气、液两膜阻力均不可忽略　　D. 无法判断
4. 前者属于液膜控制，后者属于气膜控制的是（　　）。
   A. 用水吸收氨气，用浓硫酸吸收水蒸气
   B. 用水吸收二氧化碳，用氢氧化钠溶液吸收氯化氢
   C. 用碱液吸收二氧化碳，用水吸收氨气
   D. 用硫酸吸收二氧化碳，用饱和食盐水吸收氯化氢

三、计算题

1. 某吸收塔内用清水逆流吸收混合气体中的低浓度甲醇，操作条件（101.3kPa，300K）下塔内某截面处取样分析知，气相中甲醇分压为5kPa，液相中甲醇组成为 $X = 0.02$，该系统平衡关系为 $Y^* = 2.5X$。求该截面处的吸收推动力。

2. 吸收塔的某一截面上，含氨3%（体积分数）的气体与 $X_2=0.018$ 的氨水相遇，若已知气膜吸收分系数为 $k_Y=0.0005\text{kmol}/(\text{m}^2\cdot\text{s})$，液膜分系数 $k_X=0.00833\text{kmol}/(\text{m}^2\cdot\text{s})$。平衡关系可用亨利定律表示，平衡常数 $m=0.753$。求该截面处的气相总阻力和吸收速率。

第四节　吸收的物料衡算

知 识 要 点

一、全塔物料衡算（稳态、逆流操作）

(1) 物料衡算式

$$VY_1 + LX_2 = VY_2 + LX_1 \tag{5-10}$$

$$G_A = V(Y_1 - Y_2) = L(X_1 - X_2) \tag{5-11}$$

(2) 衡算式的应用　已知 V、L、X_1、X_2、Y_1 及 Y_2（或 φ）中的五项求其余项。

φ 为吸收率，指经过吸收塔被吸收的吸收质的量与进塔气体中吸收质的总量之比。

$$\varphi = \frac{V(Y_1-Y_2)}{VY_1} = \frac{Y_1-Y_2}{Y_1} = 1 - \frac{Y_2}{Y_1} \tag{5-12}$$

$$Y_2 = Y_1(1-\varphi) \tag{5-12a}$$

二、吸收操作线

1. 吸收操作线方程式

$$Y = \frac{L}{V}X + \left(Y_1 - \frac{L}{V}X_1\right) \tag{5-13}$$

2. 吸收操作线及其意义

将操作线方程表明的塔内任一截面上的气相与液相组成间的关系标绘于 X-Y 坐标图中，得一直线，即为吸收操作线。直线通过 (X_1, Y_1) 及 (X_2, Y_2) 两点，其斜率为 L/V，点 (X_1, Y_1) 代表塔底情况，点 (X_2, Y_2) 代表塔顶情况，线上任一点代表塔内某一截面上的气、液相组成 Y 及 X。

三、吸收剂用量

(1) 液气比　操作线的斜率 L/V，又称吸收剂单位耗用量。

(2) 最少液气比　操作线的上端沿 $Y=Y_1$ 的水平线上移动至与平衡线相交时的斜率，以 $(L/V)_{\min}$ 表示。

求算方法如下：

① 图解法：操作线与平衡线相交或相切时，读得交点坐标，求操作线的斜率。

② 计算法：若平衡关系符合亨利定律，有

$$(L/V)_{min} = (Y_1 - Y_2)/(X_1^* - X_2) = (Y_1 - Y_2)/(Y_1/m - X_2) \tag{5-14}$$

(3) 适宜液气比（或吸收剂用量）的选择 应使设备折旧费和操作费用之和为最小，同时大于填料的最小润湿率。一般为

$$L/V = (1.1 \sim 2.0)(L/V)_{min} \tag{5-15}$$

例 题 解 析

【例 5-6】 最小液气比（　　）。

A. 在生产中可以达到　　　　B. 是操作线的斜率

C. 均可用公式进行计算　　　D. 可作为选择适宜液气比的依据

分析 在生产中，由于 X_2、Y_2 是给定的，所以逆流吸收操作线的下端是固定的，但上端可在 $Y = Y_1$ 的水平线上移动，只有当操作线与平衡线相交或相切时，其斜率才为最小液气比。此时，吸收质在液相中的组成与在气相中的组成达到平衡（操作线与平衡线相交时），吸收的推动力为零，要达到最高组成，吸收塔需无限高的填料层。实际上是达不到的。

要计算最小液气比，必须有 X_1^*（操作线与平衡相交）或 X_1（操作线与平衡线相切）的值。当物系的平衡关系符合亨利定律时，可用 Y_1 值进行计算：$X_{1max}^* = Y_1/m$。若平衡关系不符合亨利定律，那么只能通过图解法来求，无法用公式计算。

不同物系适宜液气比不同，难以建立公式计算，根据生产实践经验，各物系在其最小回流比的一定倍数（1.1～2.0）范围内，设备折旧费和操作费用之和最小，虽然同时还要考虑喷淋密度的要求，但仍将最小液气比作为确定适宜液气比的依据。

答 D。

【例 5-7】 在填料塔中用洗油吸收煤气中的轻油（可假定全部为苯）。塔底送入煤气量为 1000m³/h，压力为 107.0kPa，温度为 298K，其中含轻油 2%（体积分数），轻油被吸收的量占原含量的 95%。洗油从塔顶送入，温度亦为 298K，其中含少量苯，苯与洗油摩尔比为 0.00502。洗油的耗用为最小用量的 1.5 倍。求洗油消耗量和出塔液体中轻油的含量。吸收平衡线方程为

$$Y^* = \frac{0.113X}{1 + 0.887X}$$

分析 本题的解题思路可以从最小吸收剂用量的公式

$$L_{min} = \frac{V(Y_1 - Y_2)}{X_1^* - X_2}$$

为中心展开：先根据已知条件求出 V、Y_1、Y_2、X_1^* 后求 L_{min}，再求 L，最后求 X_1。

解题中要注意的问题是计算式中的 V 是惰性气体的流量，但已知的是混合气体的流量；L 是吸收剂的流量，而最后求的是含苯的洗油消耗量。

解 已知 煤气量为 1000m³/h，$p = 107.0$kPa，$T = 298$K，$y_1 = 0.02$，$\varphi = 0.95$，$X_2 = 0.00502$，$L = 1.5L_{min}$，$Y^* = \frac{0.113X}{1 + 0.887X}$；有

$$V = \frac{1000}{22.4} \times \frac{273}{298} \times \frac{107.0}{101.3} \times (1 - 0.02) = 43.20 \text{kmol/h}$$

$$Y_1 = \frac{y_1}{1-y_1} = \frac{0.02}{1-0.02} = 0.0204$$

$$Y_2 = Y_1(1-\varphi) = 0.0204 \times (1-95\%) = 0.00102$$

由

$$Y_1 = \frac{0.113 X_1^*}{1+0.887 X_1^*} = 0.0204$$

得

$$X_1^* = 0.215$$

$$L_{\min} = \frac{V(Y_1-Y_2)}{X_1^* - X_2} = \frac{43.20 \times (0.0204 - 0.00102)}{0.215 - 0.00502} = 3.99 \text{kmol/h}$$

$$L = 1.5 L_{\min} = 1.5 \times 3.99 = 5.99 \text{kmol/h}$$

由

$$V(Y_1-Y_2) = L(X_1-X_2)$$

得

$$X_1 = \frac{V(Y_1-Y_2)}{L} + X_2 = \frac{43.20 \times (0.0204-0.00102)}{5.99} + 0.00502 = 0.145$$

$$x_2 = \frac{X_2}{1+X_2} = \frac{0.00502}{1+0.00502} = 0.004995$$

洗油消耗量为

$$\frac{L}{1-x_2} = \frac{5.99}{1-0.004995} = 6.02 \text{kmol/h}$$

习 题

一、填空题

1. 在工业生产中，吸收一般采用_____（并、逆）流，_____（连续、不连续）操作。
2. 在吸收塔示意图中，符号 V 表示单位时间内通过吸收塔的_____量，L 表示单位时间内通过吸收塔的_____量。
3. 吸收率是指吸收质经过吸收塔的_____的吸收质的量与进塔气体中吸收质的___之比。

二、选择题

1. 逆流吸收操作线（　　）。

A. 表明塔内任一截面上气、液两相的平衡组成关系

B. 在 X-Y 图中是一条曲线

C. 在 X-Y 图中的位置一定位于平衡线的上方

D. 其斜率为"最小液气比"

2. 在吸收塔的计算中，通常不为生产任务所决定的是（　　）。

A. 所处理的气体量　　　　　　　　　B. 气体的初始和最终组成

C. 吸收剂的用量和吸收液的浓度　　　D. 吸收剂的初始浓度

3. 最小液气比的求取（　　）。

A. 只可用图解法　　　　　　　　　　B. 只可用公式计算

C. 全可用图解法　　　　　　　　　　D. 全可用公式计算

4. 增大吸收剂用量使（　　）。

A. 设备费用增大、操作费用减少　　　B. 设备费用减少、操作费用增大

C. 设备费用和操作费用均增大　　　　D. 设备费用和操作费用均减少

5. 关于适宜液气比选择的叙述错误的是（　　）。

A. 不能少于最小液气比　　　　　　　B. 要保证填料层的充分湿润

C. 不受操作条件变化的影响　　　　　D. 应使设备费用和操作费用之和最少

三、计算题

1. 混合气体中含有丙酮为 10%（体积分数），其余为空气。现用清水吸收其中丙酮的 95%，已知进塔空气量为 50kmol/h。试求尾气中丙酮的含量和所需设备的吸收负荷。

2. 某工厂欲用水洗塔吸收某混合气体中的 SO_2，原料气的流量为 100kmol/h，SO_2 的含量为 10%（体积分数），并允许尾气中 SO_2 含量大于 1%。试求吸收率和所需设备的吸收负荷。

3. 从矿石焙烧炉送出的气体含 9%（体积分数）SO_2，其余为空气，冷却后送入吸收塔用水吸收其中所含 SO_2 的 95%，吸收塔操作温度为 300K，压力为 100kPa，处理的炉气量为 1000m³/h，水用量为 1000kg/h。求塔底吸收液浓度。

4. 在一填料塔中，用洗油逆流吸收混合气体中的苯。已知混合气体的流量为 1500m³/h，进塔气体中含苯 5%（体积分数），要求吸收率为 90%，洗油中不含苯，操作温度为 298K，操作压力为 101.3kPa，相平衡关系为 $Y^* = 26X$，操作液气比为最小液气比的 1.5 倍。求吸收剂用量和出塔洗油中苯的含量。

5. 在某填料吸收塔中，用清水处理含 SO_2 的混合气体，进料气体中含 SO_2 8%（摩尔分数），吸收剂用量比最小量大 65%，要求每小时从混合气体中吸收 1000kg 的 SO_2，在操作条件下气液平衡关系为 $Y^* = 26.7X$。试计算每小时吸收剂用量为多少立方米。

6. 在 101.3kPa、300K 下，用清水吸收混合气体中的 H_2S，将其含量由 2% 降至 0.1%（体积分数），该系统符合亨利定律，亨利系数 $E = 55200$ kPa。若吸收剂用量为理论最小用量的 1.2 倍，试计算操作液气比及出口液相组成 X_1。若操作压力改为 1013kPa，而其他条件不变，再求液气比及其出口液相组成。

第五节 填料层高度的确定

知识要点

一、填料层高度的确定原则

(1) 确定原则 以达到指定分离要求为依据。

(2) 影响因素 两流体流向（并流，逆流）；吸收剂进口含量及其最高允许含量；吸收剂用量；塔内返混；吸收剂是否再循环。

二、填料层高度的确定方法

1. 传质单元数法

(1) 依据 传质速率方程。

(2) 计算通式 填料层高度＝传质单元高度×传质单元数。

(3) 传质单元数的三种计算方法 解析法、对数平均推动力法和图解法。

2. 等板高度法

(1) 依据 理论级概念。

(2) 计算通式 填料层高度＝等板高度×理论板层数。

(3) 等板高度和理论板层数的求解

① 等板高度：一般用实验测定或由经验公式计算。

② 理论板层数：采用直角梯级图解法。

三、用平均推动力法计算填料层高度

(1) 适用范围 相平衡线近似为直线的物系。

(2) 计算式（用气相组成表示时）

$$Z = 4V(Y_1 - Y_2)/(\pi D^2 a K_Y \Delta Y_m) \tag{5-16}$$

$$\Delta Y_m = (\Delta Y_1 - \Delta Y_2)/\ln(\Delta Y_1/\Delta Y_2) \tag{5-17}$$

当 $0.5 \leqslant \Delta Y_1/\Delta Y_2 \leqslant 2$ 时，可用算术平均值代替对数平均推动力。

例题解析

【例 5-8】 在直径为 0.8m 的填料塔中用清水吸收焦炉气中的氨，混合气体进塔组成为 0.02kmol 氨/kmol 惰性气，要求氨的吸收率不低于 98%，焦炉气处理量为 1000m³/h，实际吸收剂用量为最少用量的 1.5 倍，混合气体在入塔处的温度为 303K，压力为 101.3kPa，操作条件下的平衡关系为 $Y^* = 1.2X$，总吸收系数 $K_Y a = 0.060 \text{kmol}/(\text{m}^3 \cdot \text{s})$，用对数平均推动力法求填料层高度。

分析 用对数平均推动力法求填料层高度需已知或能先求出 V、Y_1、Y_2、D、$K_Y a$、ΔY_1、ΔY_2。而 $\Delta Y_1 = Y_1 - Y_1^*$，$\Delta Y_2 = Y_2 - Y_2^*$，故又需已知或能求出 X_1 和 X_2。X_1 和 L 有关，一般生产中没有事先规定 L，L 是根据生产任务进行选择的，所以必须先求出 L。

解题时必须注意单位的一致性。如 V 和 $K_Y a$ 的时间单位在计算填料层高度那一步，要么都用小时，或都用秒。

解 已知 $Y_1=0.02$，$D=0.8\text{m}$，$\varphi=98\%$，$X_2=0$，$L=1.5L_{\min}$，$Y^*=1.2X$，$K_Y a=0.060\text{kmol}/(\text{m}^3\cdot\text{s})$，焦炉气处理量为 $1000\text{m}^3/\text{h}$，$T=303\text{K}$，$p=101.3\text{kPa}$。

(1) 求吸收剂用量

$$Y_1=0.02, y_1=\frac{Y_1}{1+Y_1}=\frac{0.02}{1+0.02}=0.0196$$

$$Y_2=Y_1(1-\varphi)=0.02\times(1-0.98)=0.0004$$

$$V=\frac{1000}{22.4}\times\frac{273}{303}\times(1-0.0196)=39.4\text{kmol/h}$$

$$X_1^*=\frac{Y_1}{m}=\frac{0.02}{1.2}=0.017$$

$$L_{\min}=V(Y_1-Y_2)/(X_1^*-X_2)$$
$$=39.4\times(0.02-0.0004)/(0.017-0)$$
$$=45.4\text{kmol/h}$$

$$L=1.5L_{\min}=1.5\times45.4=68.1\text{kmol/h}$$

(2) 求填料层高度

由 $\qquad V(Y_1-Y_2)=L(X_1-X_2)$

得 $\qquad X_1=\dfrac{V(Y_1-Y_2)}{L}+X_2=\dfrac{39.4\times(0.02-0.0004)}{68.1}+0=0.0113$

$$Y_1^*=mX_1=1.2\times0.0113=0.0136$$
$$Y_2^*=mX_2=0$$
$$\Delta Y_1=Y_1-Y_1^*=0.02-0.0136=0.0064$$
$$\Delta Y_2=Y_2-Y_2^*=0.0004-0=0.0004$$
$$\Delta Y_m=(\Delta Y_1-\Delta Y_2)/\ln(\Delta Y_1/\Delta Y_2)$$
$$=\frac{0.0064-0.0004}{\ln(0.0064/0.0004)}=0.0022$$
$$Z=4V(Y_1-Y_2)/(\pi D^2 a K_Y \Delta Y_m)$$
$$=4\times39.4\times(0.02-0.0004)/(3600\times3.14\times0.8^2\times0.060\times0.0022)$$
$$=3.23\text{m}$$

习　题

一、填空题

1. 填料层高度的确定原则是以达到指定的_____为依据的。通常有两种表达方式：其一，以除去气体中有害物为目的，一般直接规定吸收后气体中有害溶质的_____；其二，以回收有价值物质为目的，通常规定溶质的_____。

2. 影响填料层高度的因素有：(1) 两流体的_____；(2) 吸收剂_____含量及其_____允许含量；(3) 吸收剂_____；(4) 塔内返混；(5) 吸收剂是否_____。

3. 填料层高度的确定方法有_____法和_____法等。

4. 用传质单元法确定填料层高度时，首先应确定_____，计算的关键在于确定适宜的_____速度，必须不使塔内发生_____现象。

5. 传质单元法又称传质_____模型法，涉及_____、_____、_____这三种关系式的应用。计算方法有_____法、对数平均推动力法和_____法三种。

6. 对数平均推动力法适用于相平衡线_____的物系，其计算式为 $Z=$ _____，其中 a 为单位体积填料层所提供的_____面积，$\Delta Y_m=$ _____。

二、计算题

在填料吸收塔中，用清水吸收烟道气中 CO_2，操作条件（101.3kPa，298K）下烟道气处理量为 1000m³/h，烟道气中 CO_2 含量为 12%（体积分数），其中 90% 的 CO_2 被吸收，塔底出口溶液的浓度为 $0.2gCO_2/1000gH_2O$。空塔气速为 0.2m/s，平衡关系为 $Y^*=1420X$，吸收总系数 $K_Y a=0.02$ kmol/(m³·s)。试求用水量、塔径及填料层高度。

第六节 吸收操作分析

知识要点

一、影响吸收操作的主要因素
气流速度、喷淋密度、温度、压力、吸收剂的纯度的影响情况及合理选择。

二、吸收操作的特点
① 通常在常温常压下进行。
② 吸收操作是变温过程，当溶解热较大时，必须移走热量。
③ 黏度及扩散系数影响吸收效率。
④ 解吸操作在高温低压下进行。
⑤ 闪蒸过程。

三、吸收塔的操作和调节

1. 吸收操作要点

① 减少起控制作用的阻力。
② 选择有较高吸收速率的塔设备。
③ 注意流量的稳定。
④ 掌握好气体的流速。
⑤ 经常检查出口气体的雾沫夹带情况。
⑥ 经常检查塔内的操作温度。
⑦ 及时清洗填料。

2. 吸收塔的调节

调节手段只能是改变吸收剂的入口条件，包括流量、温度、组成三大要素。

增大吸收剂用量，降低吸收剂温度，降低吸收剂入口的溶质浓度都能增大全塔的平均推动力，但将受到再生操作的制约，应同时考虑再生设备的能力。

习 题

一、填空题

1. 在正常化工生产中，吸收塔的结构型式、尺寸、吸收质的浓度范围、吸收剂的性质等都已确定时，影响吸收操作的主要因素有：(1) _____ 速度；(2) _____ ；(3) _____ ；(4) _____ ；(5) 吸收剂的 _____ 等。

2. 吸收操作的特点：(1) 通常在 ____ 温 ____ 压下进行；(2) 是 ____ (恒、变) 温过程；(3) ____ 及 ____ 影响吸收速率；(4) 解吸操作在 ____ (高、低) 温 ____ 压下进行；(5) ____ 过程。

3. 吸收操作要点：(1) 辨明各组分在吸收剂中溶解的 _____ ，确定控制方向；(2) 根据处理物料的性质来选择有 _____ 的塔设备；(3) 注意 __ 流量的稳定；(4) 掌握好 ____ 体的流速；(5) 经常检查出口气体的 _____ 情况；(6) 经常检查塔内的操作 _____ ；(7) 及时对填料进行 ____ 。

4. 吸收塔在操作时的调节手段只能是改变吸收剂的 _____ 条件。

二、判断题

1. 增大气体、液体速度，降低温度，增大压力，增加吸收剂纯度都能增大全塔的平均推动力。（   ）

2. 增大液气比有利于增加传质推动力，提高吸收效率。（   ）

3. 入塔吸收剂中吸收质的浓度越小越好。（   ）

第七节　其他吸收与解吸

知 识 要 点

一、化学吸收

（1）化学吸收的特点　溶质的组成沿扩散途径的变化情况不仅与其自身的扩散速率有关，而且与液相中活泼组分的反向扩散速率、化学反应速率及反应产物的扩散速率等因素有关。

（2）化学反应速率加快的原因　化学反应消耗了进入液相中的吸收质，使其有效溶解度显著增加而平衡分压降低，增大了吸收推动力；同时由于部分溶质在液膜内扩散的途中因化学反应而消耗，使过程阻力减小。

（3）化学吸收的优点

① 提高吸收的选择性；

② 加快吸收速率，减少设备容积；

③ 反应增加了溶质在液相中的溶解度，减少吸收剂用量；

④ 反应降低了溶质在气相中的平衡分压，可较彻底地除去气相中很少量的有害气体。

二、高含量气体吸收特点

① 气液两相的摩尔流量沿塔高有较大的变化。

② 吸收过程有显著的热效应。

③ 吸收系数不是常数。

三、多组分吸收

① 由于吸收质间相互干扰，吸收的计算较单组分吸收复杂。

② 对喷淋量很大的低含量气体吸收，可认为平衡关系服从亨利定律，分别对各吸收质组分进行单独计算。

③ 计算时，可视为"关键组分"的单组分吸收过程。

④ 可采用吸收蒸出流程，提高吸收液中溶质的含量。

四、解吸（又称脱吸）

① 目的：获得所需较纯的气体溶质；使溶剂再生，循环使用。

② 推动力：与吸收相反。

③ 工业上常采用的方法：加热解吸；减压解吸；在惰性气体中解吸；精馏。

习　题

一、填空题

1. 化学吸收是指吸收过程中，吸收质与吸收剂有＿＿＿＿＿＿的吸收过程。

2. 当进塔混合气体中吸收质含量高于＿＿＿＿时，工程上常称为高含量气体吸收。

3. 多组分吸收中的关键组分是指在吸收操作中必须首先保证其＿＿＿＿＿达到预定指标的组分。

4. 解吸就是使气体溶质从＿＿＿＿相逸出到＿＿＿＿相的过程。在生产中有两个目的：（1）获得所需较纯的＿＿＿＿＿＿；（2）使＿＿＿＿＿得以再生。

5. 工业上常采用的解吸方法有：（1）＿＿＿＿解吸；（2）＿＿＿＿解吸；（3）在＿＿＿＿中解吸；（4）采用＿＿＿＿方法。

二、选择题

1. 关于化学吸收的叙述错误的是（　　）。

　A. 传质机理与物理吸收完全不同　　B. 使吸收速率不同程度得以提高

　C. 提高了吸收的选择性　　D. 减少了吸收剂用量，使吸收较彻底

2. 高、低含量气体吸收的不同之处在于（　　）。

　A. 气、液两相摩尔流量沿塔高有无变化　　B. 吸收过程中有无热效应

　C. 吸收系数是否为常数　　D. 以上三项的变化大小

第八节　吸收设备

知识要点

一、吸收塔
塔设备的主要作用；对吸收塔的性能要求。
填料塔、湍球塔、喷射式吸收器的结构（主要构件），工作原理（操作时气、液两流体流动、接触、传质情况），优缺点。

二、填料
① 选择填料的原则。
② 填料性能评价的三要素：效率、流量、压降。
③ 填料的类型。填料的分类，制造材质。
几种常见的和重点推广的填料：拉西环、鲍尔环、阶梯环、矩鞍形填料、波纹填料与波纹网填料的构造，制造材料，优缺点（适用范围、发展前途）。
④ 填料的安装：堆积形式（整砌、乱堆）及其优缺点。

三、辅助设备
（1）填料支承装置　作用；要求；常用类型；选型根据。
（2）液体分布装置　对操作的影响；应具备条件；各种类装置：喷头式、盘式、管式、槽式、槽盘式分布器的结构，优缺点，适用场合。
（3）填料压紧装置　作用；分类；几种常用填料压紧装置的适用场合，作用。
（4）液体收集及再分布装置　液体再分布器作用；截锥式再分布器结构，优缺点，应用；液体收集器作用；斜板式液体收集器构造。
（5）气体进口及出口装置　功能；常见方式。
（6）除沫装置　作用；常用除沫装置的制成，优缺点。

习　题

一、填空题
1. 目前工业生产中使用的吸收塔的主要类型有_____塔、____塔、_____塔、____塔和_____式吸收器等。
2. 填料塔由_____、_____及_____构成，塔体多为___形，两端有___，并装有气、液体_____接管，塔下部装有_____板，板上填充一定高度的_____。塔顶有___板和_____装置。填料层较高时，常将其分段，每两段之间设有_____装置。
3. 填料塔操作中，气、液两相在塔内互成____流接触，两相的传质通常在_____的液体与气体间的界面上进行。
4. 湍球塔的主要构件有_____板、____形填料、_____、____分离器、_____喷嘴等。
5. 选择填料的原则：(1) 有较大____面积；(2) 有较高的____率；具有适宜的填料___和_____密度；(3) 有足够的_____；(4) 具有_____性；(5) 制造容易，价格便宜。
6. 填料大致可分为____体与____体两大类，分别由_____、_____等材质制成。
7. 目前工业上常见的填料有_____环、_____环、_____环、_____形填料、_____填料与_____填料等。

8. 填料在塔内的堆积方式有_____和_____两种。

9. 填料支承装置有_____型、_____型、_____型等。

10. 液体再分布装置有_____式、_____式、_____式、_____式及_____式等。

11. 填料压紧装置分为_____板和_____板两大类。

12. 最简单的液体分布装置为_____式再分布器；常用的液体收集器为_____式液体收集器。

13. 常用的除沫装置有_____除沫器、_____除沫器、_____除沫器等。

二、选择题

1. 目前吸收操作中使用最广泛的是（　　）。
   A. 板式塔　　B. 填料塔　　C. 湍球塔　　D. 喷射式吸收器

2. 工业上最老应用最广泛的是（　　）填料。
   A. 拉西环　　B. 鲍尔环　　C. 阶梯环　　D. 矩鞍形

3. 为改善液体壁流现象的是（　　）装置。
   A. 填料支承　　B. 液体分布　　C. 液体再分布　　D. 除沫

综合练习题

一、填空题（每空1分，共47分）

1. 气体吸收是利用气体混合物中各组分在_____中_____的差异来分离气体混合物的单元操作。其逆过程为____吸或_____吸。

2. 质量分数为20％乙醇的水溶液中，乙醇对水的物质的量比为_____。

3. 亨利定律有不同的表达形式，其中在气相中有用平衡时溶质的_____、_____、_____表示的。

4. 对极稀溶液，吸收平衡线在坐标图上是一条通过____点的____线。

5. 气液相平衡关系对吸收操作的意义：(1) 确定适宜的操作_____；(2) 判明过程进行的_____和_____；(3) 判断吸收操作的_____程度；(4) 确定过程的_____。

6. 对流扩散时，扩散物质不仅依靠本身的_____扩散作用，更主要的是依靠湍流流体的_____扩散作用。

7. 影响吸收负荷的因素主要是气液_____、吸收_____、吸收_____。

8. 进行物料衡算时 $V(Y_1-Y_2)$ 等于吸收塔的_____。

9. 通过物料衡算可获得吸收_____方程。

10. 传质单元数法确定填料层高度时，首先应确定填料塔_____，计算的关键在于确定适宜的_____。

11. 吸收操作要点包括：(1) 辨明各组分在吸收剂中溶解的_____，确定控制方向；(2) 选择有_____的塔设备；(3) 注意液体流量的_____；(4) 掌握好气体的_____；(5) 经常检查出口气体的_____情况；(6) 经常检查塔内的操作_____；(7) 及时对填料进行_____。

12. 吸收塔在操作时的调节手段只能是改变吸收剂的_____条件，包括_____、_____、_____三大要素。

13. 填料塔中核心构件是_____；辅助设备包括填料_____装置、液体_____装置、填料_____装置、液体_____及_____装置、气液体_____及_____装置、除_____装置等塔内件。

14. 填料性能的优劣通常根据_____、_____及_____三大要素来衡量。

二、选择题（每题 2 分，共 26 分）

1. 吸收操作中，下列说法正确的是（   ）。
   A. 用来吸收的液体称吸收剂　　　　B. 不被吸收的气体称吸收尾气
   C. 吸收质一定要溶解于吸收剂　　　D. 吸收质与吸收剂不能发生化学反应

2. 选择吸收剂时不需考虑的是（   ）。
   A. 对溶质的溶解度　　　　　　　　B. 对溶质的选择性
   C. 操作温度下的挥发度　　　　　　D. 操作温度下的密度

3. 相平衡常数 m（   ）。
   A. 随温度升高而减小　　　　　　　B. 随压力升高而增大
   C. 易溶气体大于难溶气体　　　　　D. 总压不变时与亨利系数成正比

4. 当 $X^* > X$ 时（   ）。
   A. 发生吸收过程　　　　　　　　　B. 发生解吸过程
   C. 吸收推动力为零　　　　　　　　D. 解吸推动力为零

5. 下列不为双膜理论基本要点的是（   ）。
   A. 气、液相界面上，吸收质在两相中互成平衡
   B. 双膜内流体作层流流动，两相主体内流体作湍流流动
   C. 气体吸收过程中，阻力主要集中在两膜层内
   D. 两主体中，吸收质互成平衡

6. 气相吸收总速率方程式中的（   ）。
   A. 吸收总系数只与气相有关　　　　B. 吸收阻力只与气相有关
   C. 吸收质组成只与气相有关　　　　D. 以上均与气、液两相有关

7. 能显著增大吸收速率的是（   ）。
   A. 增大气体总压　　　　　　　　　B. 增大吸收质的分压
   C. 增大易溶气体的流速　　　　　　D. 增大难溶气体的流速

8. 吸收操作时，逆流吸收操作线的（   ）。
   A. 上端固定，下端可移动　　　　　B. 下端固定，上端可发生移动
   C. 上、下端均固定　　　　　　　　D. 上、下端均可移动

9. 逆流吸收操作时，最小液气比（   ）。
   A. 达到时吸收剂用量接近于零　　　B. 生产上有一定应用价值
   C. 使设备费用最大，操作费用最少　D. 全都可通过图解或公式计算法求得

10. 完成指定的生产任务，采取的措施能使填料层高度降低的是（   ）。
    A. 用并流代替逆流操作　　　　　　B. 减少吸收剂中溶质的含量
    C. 减少吸收剂用量　　　　　　　　D. 吸收剂循环使用

11. 下列说法错误的是（   ）。
    A. 化学吸收速率加快的原因是化学反应消耗了液相中的溶质，使其平衡分压降低，增大了吸收过程的推动力
    B. 高、低含量气体吸收的区别在于吸收系数是不是常数

C. 多组分吸收在计算关键组分时可视为单组分吸收过程

D. 解吸和吸收的必要条件相反

12. 不为填料塔和湍球塔的共同优点的是（　　）。
A. 结构简单　　B. 阻力小，操作弹性大　　C. 生产能力大　　D. 耐腐蚀，耐高温

13. 目前，工业上较为理想且有发展前途的是（　　）填料。
A. 鲍尔环　　B. 阶梯环　　C. 矩鞍形　　D. 波纹及波纹网

三、计算题（共 27 分）

1. 含有 30%（体积分数）CO_2 的原料气用水吸收，吸收温度为 303K 时，$E = 188400$kPa，总压为 101.3kPa。求液相中 CO_2 的最大含量。（4 分）

2. 在 101.3kPa、27℃时用水吸收混于空气中的甲醇蒸气。甲醇在气、液两相中含量很低，平衡关系服从亨利定律，已知相平衡常数 $m=0.021$。气膜吸收分系数 $k_Y=1.57\times10^{-2}$ mol/(m²·s)，液膜吸收分系数 $k_X=1.6\times10^{-2}$ mol/(m²·s)。试求吸收总系数 K_Y 并算出气膜阻力在总阻力中所占百分数。（4 分）

3. 用清水吸收混合气中的可溶组分 A。吸收塔内的操作压力为 105.7kPa，温度为 27℃，混合气体的处理量为 1280m³/h，其中 A 的摩尔分数为 0.03，要求 A 的吸收率为 95%。操作条件下的平衡关系为 $Y^* = 0.65X$，若取吸收剂用量为最小用量的 1.4 倍，求每小时送入吸收塔顶的清水量 L 及吸收液含量 X_1。（6 分）

4. 某吸收塔每小时能从混合气体中吸收 SO_2 200kg，已知该塔的实际用水量比最小耗用量大 65%。试计算每小时实际用水量为多少 m^3。进塔的气体中含 SO_2 质量分数 18%，其余为惰性气体，摩尔质量可取为 28kg/kmol。在操作温度（293K）和压力（101.3kPa）下，SO_2 溶液的平衡关系可用下列直线方程式表示：$Y^* = 26.7X$。（5分）

5. 试设计常压下操作的吸收塔，以分离焦炉气中的氨。标准状态下焦炉气中氨的含量为 $10g/m^3$，焦炉气处理量为 $5000m^3/h$，吸收率不低于 99%。用清水为吸收剂，其用量为最小用量的 1.5 倍。混合气体在入塔处的温度为 303K，塔径为 1.4m。已知操作条件下的平衡关系为 $Y^* = 1.2X$，气相体积吸收总系数 $K_Y a = 220 kmol/(m^3 \cdot h)$。试求用水量及填料层高度。（8分）

第六章 固体干燥

第一节 概　述

知　识　要　点

一、干燥在工业生产中的应用及干燥方法

（1）干燥概念　用加热的方法使固体物料中的湿分汽化并除去的方法称为干燥。

（2）干燥在生产中的主要作用

① 对原料或中间产品进行干燥。

② 对产品进行干燥。

（3）干燥分类（按其热量供给湿物料的方式分）　传导干燥、对流干燥、辐射干燥、介电加热干燥。

二、对流干燥进行的条件和流程

1. 对流干燥原理

在对流干燥过程中，温度较高的热空气将热量传给湿物料表面，大部分在此供水分汽化，一部分传至物料内部，这是传热过程。同时，由于物料表面水分受热汽化，使水在物料内部与表面之间出现了浓度差，在此浓度差作用下，水分从物料内部扩散至表面并汽化，汽化后的水蒸气再通过湿物料与空气之间的气膜扩散到空气主体内，这是传质过程。

2. 对流干燥必要条件

物料表面产生的水汽分压必须大于空气中所含的水汽分压。

3. 对流干燥流程

空气由预热器加热至一定温度后进入干燥器，与进入干燥器的湿物料相接触，空气将热量以对流的方式传给湿物料，湿物料表面水分加热汽化成水蒸气，然后扩散进入空气，最后由干燥器另一端排出。空气与湿物料在干燥器内的接触可以是并流、逆流或其他方式。

习　题

一、填空题

1. 化工生产中固体物料的去湿方法有＿＿＿＿去湿、＿＿＿＿去湿、＿＿＿＿去湿等，其中＿＿＿＿去湿的方法称为干燥。

2. 干燥在化工生产中的作用主要是对＿＿＿＿或＿＿＿＿及对＿＿＿＿进行干燥。

3. 干燥按其热量供给湿物料的方式可分为＿＿＿＿干燥、＿＿＿＿干燥、＿＿＿＿干燥和＿＿＿＿加热干燥四种。

4. 干燥按工作压力可分为＿＿＿＿干燥和＿＿＿＿干燥；按操作方式可分为＿＿＿＿干燥和＿＿＿＿干燥。

5. 对流干燥是一个传＿＿＿＿传＿＿＿＿同时进行的过程，过程得以进行的必要条件是物料表面产生的水汽分压必须＿＿＿＿（大、等、小）于空气中所含的水汽分压。

6. 对流干燥时,空气由_____器加热至一定温度后进入_____器与湿物料相接触,接触方式可以是_____流、_____流或其他方式。

二、选择题

1. 对流干燥(　　)。
   A. 是单向的传质过程　　　　　B. 能将湿分去除得比较彻底
   C. 热能利用率高　　　　　　　D. 应用不如传导干燥普遍

2. 对流干燥中,空气(　　)。
   A. 不含水汽　　　　　　　　　B. 与湿物料不直接接触
   C. 仅载热不载湿　　　　　　　D. 是最常用的干燥介质

第二节　湿空气的性质

知识要点

一、湿度

(1) 概念　在湿空气中,单位质量干空气所带有的水汽质量,用符号 H 表示,其单位为 kg 水汽/kg 干气。

(2) 定义式

$$H = \frac{n_W M_W}{n_g M_g} \tag{6-1}$$

(3) 常用计算式

$$H = 0.622 \frac{p_W}{p - p_W} \tag{6-2}$$

二、相对湿度

(1) 概念　一定总压下,湿空气中水汽的分压 p_W 与同温下水的饱和蒸气压 p_S 之比,用 φ 表示。

(2) 定义式

$$\varphi = \frac{p_W}{p_S} \times 100\% \tag{6-3}$$

(3) 常用计算式

$$H = 0.622 \frac{\varphi p_S}{p - \varphi p_S} \tag{6-4}$$

或

$$\varphi = \frac{pH}{(0.622 + H) p_S} \tag{6-4a}$$

(4) 饱和湿度

① 概念:当 $\varphi = 100\%$,湿空气已达饱和时所对应的湿度,用 H_S 表示。

② 计算式

$$H_S = 0.622 \frac{p_S}{p - p_S} \tag{6-5}$$

三、湿空气的比体积

(1) 概念　1kg 干空气及其所带有水汽的总体积,用符号 v_H 表示,单位为 m³/kg 干气。

(2) 定义、计算式

$$v_H = v_g + H v_W = (0.773 + 1.244H)\frac{t+273}{273} \quad (6-6)$$

四、湿空气的比热容

(1) 概念　常压下，将 1kg 干空气和所含有的 H(kg) 水汽的温度升高 1K 所需要的热量，用符号 c_H 表示，单位为 kJ/(kg 干气·K)。

(2) 定义、计算式

$$c_H = c_g + c_W H = 1.01 + 1.88H \quad (6-7)$$

五、湿空气的焓

(1) 概念　1kg 干空气的焓和其所含有的 H(kg) 水汽的焓之和，用符号 I_H 表示，单位为 kJ/kg 干气。

(2) 定义式　　　　$I_H = I_g + I_W H$ 　　　　(6-8)

(3) 常用计算式　$I_H = (1.01 + 1.88H)t + 2490H$ 　(6-9)

六、干球温度

概念：用干球温度计测得的湿空气的温度，为湿空气的真实温度，用符号 t 表示，单位为℃或 K。

七、露点

(1) 概念　将未饱和的湿空气在总压 p 和湿度 H 不变的情况下冷却降温至饱和状态时 ($\varphi = 100\%$) 的温度，用符号 t_d 表示，单位为℃或 K。

(2) 露点温度下水的饱和蒸气压 p_{Std} 的计算式

$$p_{Std} = \frac{Hp}{0.622 + H} \quad (6-10)$$

(3) 露点的确定　由 p_{Std} 查出对应的温度，即为 t_d。

八、湿球温度

概念：是由湿球温度计（用湿纱布包裹干球温度计的感温球）置于湿空气中测得的温度，用符号 t_W 表示，单位为℃或 K。实质上是湿空气与湿纱布中水之间传质和传热达到稳定时，湿纱布中水的温度。

九、绝热饱和温度

(1) 概念　在绝热条件下，使湿空气绝热增湿到饱和时的温度，用符号 t_{as} 表示，单位为℃或 K。

绝热增湿过程是一个等焓过程。

(2) 与湿球温度的关系　对空气-水系统，实验证明，湿空气的 t_{as} 与 t_W 基本相同。工程计算中，常取 $t_W = t_{as}$。

十、有关问题

1. t、t_W 和 t_d 之间的关系

(1) 未饱和湿空气　$t > t_W > t_d$

(2) 饱和湿空气　　$t = t_W = t_d$

2. 湿空气状态的确定和湿空气性质的求取

① 湿空气的状态可由湿空气的任意两个独立的性质参数确定（如 t 和 t_W，t 和 t_d，t 和

φ 等)。

② 湿空气的状态一旦确定，各项性质均可用计算或查图的方法求出。

例 题 解 析

【例 6-1】 下列叙述正确的是（　　）。
A. 空气的相对湿度越大，吸湿能力越强
B. 湿空气的比体积为 1kg 湿空气的体积
C. 湿球温度与绝热饱和温度必相等
D. 总压一定时，t-φ 相互独立，而 t_d-H 彼此不独立

分析 空气的相对湿度为相同温度下，空气中水汽的分压与相同温度下水蒸气的饱和蒸气压之比，φ 越大，两者越接近，推动力越少，吸湿能力越弱。

在干燥过程中，湿空气的水汽量不断增加，但其中干空气量始终不变，为便于计算，表征湿空气的各项性质的参数常以单位质量的干空气为基准。湿空气的比体积是 1kg 干空气及其带有的水汽，即 $(1+H)$kg 湿空气的总体积。

对相同状态的空气，测量其湿球温度与绝热饱和温度的方法和条件不同，测定结果也不同。对空气-水系统，实验证明，绝热饱和温度与其湿球温度基本相同。由于湿球温度易测而利用等焓过程查空气湿度图比较方便，所以工程计算中，常取 $t_W=t_{as}$。

湿空气的状态具有多元函数关系，从数学分析角度看，总压一定，仅两个参数之间互为函数关系的不能确定其状态，有三个参数之间互为函数关系的其中任何两个参数均可确定一个状态。由 $p_{Std}=\dfrac{Hp}{0.622+H}$ 看，由于 p_{Std} 仅由 t_d 决定，即 t_d 与 H 两个参数之间互为函数关系，所以彼此不独立。由 $H=0.622\dfrac{\varphi p_S}{p-\varphi p_S}$ 看，因为 p_S 仅由 t 决定，即 t、φ 与 H 三个参数之间互为函数关系，所以 t-H、t-φ、H-φ 均两两独立。

答 D。

【例 6-2】 已知湿空气的总压为 101.3kPa，干球温度为 20℃，相对湿度为 70%，试求：(1) 湿度 H；(2) 水蒸气分压 p_W；(3) 焓 I_H；(4) 如将空气预热到 97℃进入干燥器，对于每小时 100kg 干空气，所需热量为多少？

分析 由于 t 和 φ 为两个独立参数，可以确定湿空气的状态，即可由这两个性质参数计算该湿空气的其他性质参数的值。解本题的关键是要熟悉湿空气各状态参数的常用计算式。解第 (4) 项时要懂得求所需热量为干空气的质量流量与湿空气的比热容及温度差的乘积。在湿空气所需热量的计算式 $Q=L(1.01+1.88H)(t_2-t_1)$ 中的 t_2 实际上为预热后的干球温度 t_1(97℃)，t_1 实际上为预热前的干球温度 t_0(20℃)，因湿空气被加热后其湿度不变，所以 H 值仍用原湿空气的 H 的值。

解 (1) 求 H

$p=101.3$kPa，$\varphi=70\%$，$t_0=20$℃，$t_1=97$℃，由附录七查得 $p_S=2.3346$kPa，得

$$H=0.622\dfrac{\varphi p_S}{p-\varphi p_S}=0.622\times\dfrac{0.70\times 2.3346}{101.3-0.70\times 2.3346}=0.0102\text{kg 水汽/kg 干气}$$

(2) 求 p_W

$$p_W=\varphi p_S=0.70\times 2.3346=1.634\text{kPa}$$

(3) 求 I_H

$$I_H = (1.01+1.88H)t + 2490H = (1.01+1.88\times0.0102)\times20 + 2490\times0.0102$$
$$= 45.98 \text{kJ/kg 干气}$$

(4) 预热每小时100kg干空气所需热量为

$$Q = Lc_H\Delta t = L(1.01+1.88H)(t_2-t_1) = 100/3600\times(1.01+1.88\times0.0102)(97-20)$$
$$= 2.20 \text{kW}$$

【例 6-3】 某空气的总压为100kPa，温度为40℃，相对湿度为85%，试求其露点温度。若将该湿空气冷却至30℃，有无水析出？若有，每千克干空气析出的水分为多少？

分析 解本例的关键是对所涉及的湿空气的性质参数的理解。

露点为将未饱和的湿空气在总压和湿度不变的情况下冷却降温至饱和状态时的温度，即湿空气中的水汽分压所对应的饱和温度，要求出露点必须先求得湿空气中水汽的分压。若将达到露点的湿空气继续冷却，便会析出水分，所以比较湿空气的露点和冷却后的温度便可判断是否有水分析出。

湿空气的湿度为每千克干空气所带有的水汽质量，两种状态之差即为每千克干空气析出的水分的质量。

解 已知 $\varphi=85\%$，由附录七查得40℃时水的饱和蒸气压 $p_S=7.3766$kPa，则

$$p_W = \varphi p_S = 0.85\times7.3766 = 6.2701 \text{kPa}$$

此分压即为露点下的饱和蒸气压，即 $p_{Std}=6.2701$kPa。由附录八查得此蒸气压对应的饱和温度为36.5℃，即 $t_d=36.5℃>30℃$。所以有水分析出。

湿空气原来湿度为

$$H_1 = 0.622\frac{p_W}{p-p_W} = 0.622\times\frac{6.2701}{100-6.2701} = 0.0416 \text{kg 水汽/kg 干气}$$

冷却到30℃时，$p_W=p_S$，由附录七查得30℃时 $p_S=4.2474$kPa，此时湿空气的湿度

$$H_2 = 0.622\frac{p_S}{p-p_S} = 0.622\times\frac{4.2474}{100-4.2474} = 0.0276 \text{kg 水汽/kg 干气}$$

故每千克干空气析出的水分量为

$$\Delta H = H_1 - H_2 = 0.0416 - 0.0276 = 0.014 \text{kg 水/kg 干气}$$

习 题

一、填空题

1. 作为干燥介质的湿空气是_____（饱和、不饱和）的空气，表征湿空气的各项性质常以单位质量_____为基准。

2. 单位质量_____所带有的_____质量，称为湿空气的_____或_____，简称湿度，用符号_____表示，其单位为_____。当总压一定时，湿度随_____增大而增大。

3. 在一定总压下，湿空气中_____压与同温度下_____压之比称为湿空气的相对湿度，用符号_____表示。当总压一定时，相对湿度是_____和_____的函数。

4. 当相对湿度等于_____时，所对应的湿度为饱和湿度，用符号_____表示。

5. 湿空气的温度有_____球温度，用符号_____表示；_____，用符号_____表示；_____球温度，用符号_____表示；_____温度，用符号_____表示。其中_____温度为空气的真实温度。

6. 根据湿空气的任意两个_____的性质参数可确定其状态。湿空气的状态一旦确定，湿空气的各项性质均可用_____或_____的方法求出。

二、判断题

1. 湿空气的参数以干空气为基准是为了计算的方便。（　　）
2. 湿度越低，该空气吸收水汽的能力就越强。（　　）
3. 只要将湿空气的温度降到其露点以下，便会达到减湿的目的。（　　）
4. 干球温度一定高于露点。（　　）
5. 湿空气温度一定时，相对湿度越低，湿球温度也越低。（　　）

三、选择题

1. 湿空气的比热容是（　　）的比热。
   A. 1kg 水蒸气　　　　　　　　B. 1kg 湿空气
   C. 1kg 绝干空气　　　　　　　D. 1kg 干空气与所含有的 H（kg）水汽

2. 湿球温度和绝热饱和温度（　　）。
   A. 概念相同　　　　　　　　　B. 均易测定
   C. 均小于湿空气的干球湿度　　D. 对空气-水系统来说数值基本相同

3. 湿空气的湿度变化后才能测到的是（　　）。
   A. 干球温度　　B. 湿球温度　　C. 绝热饱和温度　　D. 露点

4. 下列不为两个独立参数的是（　　）。
   A. t 和 t_w　　B. t 与 t_d　　C. t 与 φ　　D. t_d 和 H

四、计算题

1. 已知湿空气的总压为 100kPa，温度为 45℃，相对湿度为 50%。试求：(1) 湿空气中水汽的分压；(2) 湿度；(3) 湿空气的密度。

2. 湿空气的总压为 101.3kPa，温度为 30℃，其中水汽分压为 2.5kPa。试求湿空气的比热容、焓和相对湿度。

3. 已知湿空气的总压为100kPa，温度为40℃，相对湿度为50%。试求：(1) 水汽分压、湿度、焓和露点；(2) 将500kg/h的湿空气加热至80℃时所需热量；(3) 加热后的体积流量为多少？

4. 将温度为150℃，湿度为0.2kg水汽/kg干气的湿空气100m³在100kPa下恒压冷却，试分别计算冷却至以下温度时空气析出的水量：(1) 100℃；(2) 60℃；(3) 30℃。

5. 101.3kPa下，将干球温度为60℃和相对湿度为20%的空气在逆流列管换热器内，用冷却水冷却至露点，冷却水温度从15℃上升至20℃，若换热器的传热面积为20m²，传热系数为50W/(m²·℃)。试求：(1) 被冷却的空气量；(2) 空气中水蒸气的分压。

第三节 湿物料中水分的性质

知识要点

一、物料中含水量的表示方式

1. 湿基含水量

（1）概念　即湿物料中水分的质量分数，用符号 w 表示，其单位为 kg(水)/kg(湿物料)。

（2）定义式

$$w = \frac{湿物料中水分的质量}{湿物料的总质量}$$

2. 干基含水量

（1）概念　是指单位绝干物料中所含水分的质量，用符号 X 表示，单位为 kg 水/kg 干料。

（2）定义式

$$X = \frac{湿物料中水分的质量}{湿物料的质量 - 湿物料中水分的质量}$$

（3）与湿基含水量之间的关系

$$X = \frac{w}{1-w} \quad 或 \quad w = \frac{X}{1+X} \tag{6-11}$$

二、平衡水分与自由水分

（1）划分根据　在一定干燥条件下，能否用干燥方法除去。

（2）平衡水分概念　湿物料中表面产生的水汽分压等于空气中的水汽分压，两者处于平衡状态时湿物料中的水分含量称平衡含水量，又称平衡水分，用 X^* 表示，单位为 kg 水/kg 干料。

（3）自由水分　湿物料中的水分含量大于平衡水分时，所含水分量与平衡水分之差。

三、结合水分与非结合水分

（1）划分根据　湿物料中所含水分被除去的难易程度。

（2）结合水分　是指以化学力、物理化学力或生物化学力等与物料结合的水分，其饱和蒸气压低于同温下纯水的饱和蒸气压，是较难除去的水分。

（3）非结合水分　是指机械地附着在物料表面或积存于大孔中的水分，其饱和蒸气压等于同温下纯水的饱和蒸气压，是较易除去的水分。

一定温度下，平衡水分与自由水分的划分是根据湿物料的性质以及与之接触的空气的状态而定，而结合水分与非结合水分的划分则完全由湿物料自身的性质而定，与空气的状态无关。同温下 $\varphi = 100\%$ 的平衡水分即为湿物料的结合水分。

例题解析

【例 6-4】　下列叙述错误的是（　　）。

A. 平衡水分是不能用干燥方法除去的水分

B. 对一定物料，平衡水分与自由水分的划分是相对的，而结合水分与非结合水分的划

分是绝对的

C. 非结合水分的饱和蒸气压等于同温下纯水的饱和蒸气压

D. 平衡水分中有一部分自由水分

分析 平衡水分是在一定干燥条件下，不能用干燥的方法除去的水分。条件改变后，可能原属平衡水分中的一部分除去，但此时这部分水分已不属于平衡水分了。任何条件下，不能用干燥方法除去的水分为平衡水分，能用干燥方法除去的水分为自由水分。

对一定物料，条件改变后，平衡水分与自由水分的量会发生变化，所以这种划分是相对的。结合水分与非结合水分的划分完全由湿物料自身的性质决定，与空气的状态无关。给定物料，结合水分是常数，所以结合水分与非结合水分的划分是绝对的。

非结合水分是机械地附着在物料表面或积存于大孔中的水分，其饱和蒸气压等于同温下纯水的饱和蒸气压。

虽然在干燥中有一部分自由水分不能被除去，那是由于干燥往往不能达到最大限度，即不能完全达到平衡。从理论上说，若能完全达到平衡，这部分自由水分应能全部除去。

答 D。

习 题

一、填空题

1. 单位质量湿物料中所含水分的质量，称为湿物料的_____含水量，用符号_____表示，其单位为_____；单位质量绝干物料中所含水分的质量，称为湿物料的_____含水量，用符号_____表示，其单位为_____。

2. 根据所含水分能否除去，可把湿物料中的水分分为_____水分和_____水分；根据所含水分被除去的难易程度，可将湿物料中的水分分为_____水分和_____水分。

3. 100g 某湿物料中含有 10g 水，则该湿物料的湿基含水量为_____；干基含水量为_____。

二、选择题

下列说法错误的是（　　）。

A. 结合水分是较难除去的水分，非结合水分是较易除去的水分

B. 结合水分和非结合水分的区别是其饱和蒸气压是否等于同温度下纯水的饱和蒸气压

C. 条件改变，平衡水分也能用干燥的方法除去

D. 平衡水分与湿物料的性质及与之接触的空气的状态有关，结合水分与空气的状态无关

第四节 干燥过程的物料衡算

知 识 要 点

一、水分蒸发量

1. 绝干物料衡算式

$$G_c = G_1(1-w_1) = G_2(1-w_2) \tag{6-12}$$

2. 干燥器的总物料衡算式

$$G_1 = G_2 + W \tag{6-13}$$

3. 水分蒸发量的计算式

$$W = G_1 \frac{w_1 - w_2}{1 - w_2} = G_2 \frac{w_1 - w_2}{1 - w_1} \tag{6-14}$$

也可用
$$W = G_c(X_1 - X_2) \tag{6-14a}$$

二、空气消耗量

1. 绝干空气消耗量

由
$$W = L(H_2 - H_1) \tag{6-15}$$

得
$$L = \frac{W}{H_2 - H_1} \quad \text{或} \quad L = \frac{W}{H_2 - H_0} \tag{6-15a}$$

2. 单位空气消耗量，用符号 l 表示，单位为 kg 干气/kg 水，计算式为

$$l = \frac{1}{H_2 - H_1} \quad \text{或} \quad l = \frac{1}{H_2 - H_0} \tag{6-16}$$

3. 湿空气的体积流量可决定鼓风机所需风量

$$V = L v_H = L(0.773 + 1.244H) \frac{t + 273}{273} \tag{6-17}$$

例 题 解 析

【例 6-5】 在总压为 100kPa 下，用空气干燥某含水量为 40%（湿基）的湿物料，每小时处理湿物料量 1000kg，干燥后产品含水量为 5%（湿基）。空气的初温为 20℃，相对湿度为 60%。经预热至 120℃后进入干燥器，离开干燥器时的温度为 40℃，相对湿度为 80%。试求：(1) 水分蒸发量；(2) 绝干空气消耗量和单位空气消耗量；(3) 预热器进口处风机的风量；(4) 干燥产品量。

分析 在本例中，已知条件多，求解的量多，势必所用公式多，解题步骤多。解这类题目的关键在于理清解题思路，好在所求解的量本身有一定先后顺序，若直接要求解第(3)项，理清思路更为必要。思路理清后，解题就顺理成章了。建议做好以下工作：

1. 列已知

$p = 100$kPa，$w_1 = 0.4$，$G_1 = 1000$kg/h，$w_2 = 0.05$，$t_0 = 20$℃，$\varphi_0 = 60\%$，$t_1 = 120$℃，$t_2 = 40$℃，$\varphi_2 = 80\%$。

2. 列求解

① W；② L, l；③ V；④ G_2。

3. 列可能用到的公式

① $G_1 = G_2 + W$；② $W = G_1 \frac{w_1 - w_2}{1 - w_2} = G_2 \frac{w_1 - w_2}{1 - w_1}$；③ $W = G_c(X_1 - X_2)$；④ $L = \frac{W}{H_2 - H_1}$；⑤ $l = \frac{1}{H_2 - H_1}$；⑥ $L = \frac{W}{H_2 - H_0}$；⑦ $l = \frac{1}{H_2 - H_0}$；⑧ $H = 0.622 \frac{\varphi p_S}{p - \varphi p_S}$；⑨ $X = \frac{w}{1-w}$；⑩ $V = L v_H = L(0.773 + 1.244H) \frac{t+273}{273}$。

4. 分析

① 计算 W 可用式①、②、③、④、⑥等，由于 w_1、w_2、G_1 已知，所以就用②式。② 要求 L 和 l，除已求出的 W 外，还须求出 H_2、H_1（或 H_0），可通过⑧式求。③ 求出 L 后再求 V，需用到⑩式。在用⑩式时应注意，由于风机装在预热器入口处，应取 $H = H_0$，$t = t_0$。④ 最后求 G_2 可用②式。但由于 W 已求出，用①式更为简便。

解 (1) 求 W

已知 $G_1=1000\text{kg/h}$,$w_1=0.4$,$w_2=0.05$,则

$$W=G_1\frac{w_1-w_2}{1-w_2}=1000\times\frac{0.4-0.05}{1-0.05}=368.42\text{kg/h}$$

(2) 求 L 和 l

已知 $p=100\text{kPa}$,$\varphi_0=60\%$,$t_0=20\text{℃}$;$\varphi_2=80\%$,$t_2=40\text{℃}$。查附录七得 20℃时,$p_{S0}=2.335\text{kPa}$;40℃时,$p_{S2}=7.377\text{kPa}$。则

$$H_0=0.622\frac{\varphi_0 p_{S0}}{p-\varphi_0 p_{S0}}=0.622\times\frac{0.60\times2.335}{100-0.60\times2.335}=0.0088\text{kg 水/kg 绝干气}$$

$$H_2=0.622\frac{\varphi_2 p_{S2}}{p-\varphi_2 p_{S2}}=0.622\times\frac{0.80\times7.377}{100-0.80\times7.377}=0.0390\text{kg 水/kg 绝干气}$$

故

$$L=\frac{W}{H_2-H_0}=\frac{368.42}{0.0390-0.0088}=12199\text{kg 绝干气/h}$$

$$l=\frac{1}{H_2-H_0}=\frac{1}{0.0390-0.0088}=33.11\text{kg 绝干气/h}$$

(3) 求 V

$$V=Lv_H=L(0.773+1.244H_0)\frac{t_0+273}{273}$$

$$=12199\times(0.773+1.244\times0.0088)\frac{20+273}{273}=10264\text{m}^3/\text{h}$$

(4) 求 G_2

$$G_2=G_1\frac{1-w_1}{1-w_2}=1000\times\frac{1-0.40}{1-0.05}=631.58\text{kg/h}$$

或

$$G_2=G_1-W=1000-368.42=631.58\text{kg/h}$$

习 题

一、填空题

干燥过程的物料衡算需要解决的问题是:(1) 将湿物料干燥到指定的含水量所需_____量;(2) 干燥过程需要_____量。

二、计算题

1. 用一干燥器干燥湿物料,已知湿物料处理量为 2000kg/h,含水量由 20% 降至 4%(均为湿基)。试求水分汽化量和干燥产品量。

2. 室温下,含水量为 0.02kg 水/kg 干木炭的木炭长期置于相对湿度为 40% 的空气中,试求最终木炭的含水量。木炭是吸湿还是被干燥?吸收(或去除)了多少水分(用教材中的图 6-5 解答)?

3. 用常压（100kPa）干燥器干燥湿物料，已知湿物料的处理量为 2200kg/h，含水量由 40% 降至 5%（湿基）。湿空气的初温为 30℃，相对湿度为 40%，经预热后温度升至 90℃后送入干燥器，出口废气的相对湿度为 70%，温度为 55℃。试求：（1）绝干空气消耗量；（2）风机安装在预热器入口时的风量。

第五节 干燥速率

知 识 要 点

一、干燥速率

1. 概念

是指单位时间内、单位干燥面积上汽化的水分质量，用符号 U 表示，单位为 kg 水/(m²·s)。

2. 定义式

$$U = \frac{dW'}{S d\tau} \tag{6-18}$$

或

$$U = -\frac{G'_c dX}{S d\tau} \tag{6-18a}$$

3. 数值获得

实验测定。

4. 干燥过程两个阶段

（1）恒速干燥阶段　又称表面汽化控制阶段或第一阶段。

特点：物料内部水分的扩散速率大于表面水分汽化速率，物料表面始终被水分所湿润；表面水分的蒸气压与空气中水蒸气分压之差（即表面汽化推动力）保持不变；空气传给物料的热量等于水分汽化所需热量；干燥速率主要决定于表面汽化速率，决定于湿空气的性质，与湿物料的性质关系很少；物料表面温度基本保持为空气的湿球温度。

（2）降速干燥阶段　也称为内部水分扩散控制阶段或干燥第二阶段

特点：物料内部水分的扩散速率小于表面水分汽化速率，物料表面的湿润程度不断减少,干燥速率不断下降;干燥速率主要决定于物料本身的结构、形状和大小等性质,与空气的性质关系很小,空气传给湿物料的热量大于水分汽化所需的热量,湿物料温度不断上升,最终接近于空气的温度。

(3) 临界点和临界含水量　两阶段的转折点称为临界点,与该点对应的物料含水量称为临界含水量(或临界水分),用 X_c 表示,由实验测定。

(4) 平衡含水量(平衡水分)X^*　干燥速率曲线与横轴的交点所表示的物料含水量。

在工业生产中物料的含水量在 X_c 和 X^* 之间。

二、影响干燥速率的因素

主要三个方面:湿物料、干燥介质、干燥设备。

其中较重要的方面:
① 物料的性质和形状;
② 物料的温度;
③ 物料的含水量;
④ 干燥介质的温度和湿度;
⑤ 干燥介质的流速与流向;
⑥ 干燥器的构造。

例 题 解 析

【例 6-6】 经实验测定,某物料在干燥过程中达到临界含水量后的干燥时间过长,为提高干燥速率,下列措施中最为有效的是(　　)。

　　A. 提高气速　　　　B. 提高气温
　　C. 提高物料温度　　D. 减少物料粒度

分析　对影响干燥速率的因素的理解要根据干燥过程的特点和机理。

临界含水量为临界点所对应的湿物料的含水量。干燥过程在临界点后为降速干燥阶段,在这个阶段物料内部水分的扩散速率小于表面水分汽化速率。干燥速率主要取决于物料本身的结构、形状和大小。提高气速和气温虽然能提高干燥速率,但影响很少。提高物料温度可提高干燥速率,但物料的温度与干燥介质(即干燥气)的温度与湿度有关,有一定的限制。所以以上几方面措施中最为有效的是减少物料的粒度。

答　D。

习　题

一、填空题

1. 干燥速率是指单位时间、单位_____上汽化的水分_____,用符号_____表示,单位为_____。

2. 在干燥速率曲线中,从干燥开始到临界点为第一阶段,为_____速干燥阶段,也称为_____控制阶段;临界点后为第二阶段,为_____速阶段,也称为_____控制阶段。

3. 影响干燥速率的因素主要有三个方面:_____、干燥_____和干燥_____。

二、选择题

1. 降速干燥阶段(　　)。

A. 物料内部扩散速率大于表面水分汽化速率
B. 物料表面温度保持为空气的湿球温度
C. 除去的是结合水分
D. 干燥速率主要决定于湿空气的性质
2. 在干燥的第一阶段对干燥速率影响很少的是（   ）。
A. 干燥器的构造　　　　　　　B. 物料的化学组成、物理结构
C. 干燥介质的温度和湿度　　　D. 干燥介质的流速和流向

第六节　干　燥　设　备

知 识 要 点

一、对干燥器的基本要求
① 能满足生产的工艺要求；
② 生产能力要大；
③ 热效率要高；
④ 干燥系统的流动阻力要少；
⑤ 操作控制方便，劳动条件良好，附属设备简单。

二、工业上常用干燥器（几种常用对流干燥器）
厢式干燥器、转筒干燥器、气流干燥器、沸腾床干燥器、喷雾干燥器的主要构造，操作过程，优缺点，主要应用。

三、干燥器的选择
1. 选择步骤
2. 具体应考虑的问题
① 物料的形态；
② 物料的干燥特性；
③ 物料的热敏性；
④ 物料的黏附性；
⑤ 产品的特定质量要求；
⑥ 处理量的大小；
⑦ 热量的利用率；
⑧ 对环境的影响；
⑨ 其他方面：劳动强度、设备制造、操作、维修等因素。

四、干燥过程的操作分析（调节和控制的一般原则）
生产中能调节的参数只有干燥介质的流量，进出干燥器的温度 t_1 和 t_2，出干燥器时废气的湿度 H_2。实际操作中主要调节的参数是进入干燥器的干燥介质的温度 t_1 和流量 L。

1. 干燥介质的进口温度和流量
要注意保持在物料允许的最高温度范围内。生产中要综合考虑温度和流量的影响，合理选择。

2. 干燥介质的出口温度和湿度
应通过操作实践来确定和调节，生产上主要通过控制、调节介质的预热温度和流量来

实现。

干燥操作的目的是将物料中的含水量降至规定的指标之下,且不出现龟裂、焦化、变色、氧化和分解等物理和化学性质上的变化;干燥过程的经济性主要取决于热能消耗及热能的利用率。因此,生产中应从实际出发,综合考虑,选择适宜的操作条件,以达到优质、高产、低耗的目的。

习　题

一、填空题

1. 常用对流干燥器有厢式干燥器、_____干燥器、_____干燥器、_____干燥器、_____干燥器等。

2. 厢式干燥器由_____、_____、_____、加热器、_____等组成。

3. 选择干燥器时,先根据被干燥物料的性质和工业要求选择_____的干燥器;然后通过_____核算,最终确定干燥器的_____。

4. 对干燥过程进行调节的参数只有干燥介质的_____、_____的温度、_____的温度和_____的湿度等四个。在实际操作中主要调节的参数是_____的温度和_____。

5. 干燥过程的经济性主要取决于热能的_____及_____。

二、选择题

结构简单且适应性强,但劳动强度大的是（　　）干燥器;适用于处理料液的是（　　）干燥器;干燥速率很高,但设备太高的是（　　）干燥器;结构简单,干燥速率快的是（　　）干燥器;基建费用高但生产能力大的是（　　）干燥器;能用于不允许物料粉碎的是（　　）干燥器。

A. 厢式　　　B. 转筒　　　C. 气流　　　D. 沸腾床　　　E. 喷雾

综合练习题

一、填空题（每空 1 分,共 38 分）

1. 在对流干燥过程中,最常用的干燥介质是_____,湿物料中的湿分大多为_____。

2. 总压一定时,湿空气的湿度仅决定于_____;相对湿度随_____和_____的变化而变化;湿空气的比体积是_____和_____的函数;湿空气的比热容仅与_____有关;湿空气的焓与_____和_____有关;总压一定时,露点只与_____有关;湿球温度是_____和_____的函数。

3. 标准大气压下,空气的露点为 10℃,则湿空气的湿度为_____。

4. 物料中含水量的表示方法通常有两种,即_____基含水量和_____基含水量,其中_____基含水量使用起来比较方便。

5. 平衡水分与自由水分是根据湿物料中水分_____来划分的;结合水分与非结合水分是根据湿物料中的水分_____来划分的。

6. 单位蒸汽消耗量只与空气的_____与_____有关,与经历的过程无关。

7. 鼓风机所需风量根据湿空气的_____而定,可由_____空气的质量流量与_____的乘积来确定。

8. 在降速干燥阶段，物料内部水分的扩散速率_____（大、小、等）于表面水分汽化速率，物料表面温度最终_____于空气的干球温度。

9. 干燥介质的_____、_____、_____能对干燥速率产生影响。

10. 干燥器的生产能力取决于物料达到规定干燥程度所需的_____；对流干燥中，提高热效率的主要途径是减少_____的热量。

11. 对流干燥过程进行调节的参数只有干燥介质的_____、_____的温度、_____的温度和_____的湿度等四个。在实际操作中，主要调节的是参数是进入干燥器的干燥介质的_____和_____。

二、选择题（每小题2分，共28分）

1. 用（　　）的方法将固体物料中的湿分去除的方法称为干燥。
   A. 机械　　　B. 吸附　　　C. 加热　　　D. 化学反应

2. 在工业生产中应用最广泛的是（　　）干燥。
   A. 传导　　　B. 对流　　　C. 辐射　　　D. 介电加热

3. 对流干燥得以进行的必要条件是（　　）。
   A. 所用空气不含水蒸气　　　B. 物料表面水汽分压大于空气中所含的水汽分压
   C. 必须连续操作　　　D. 空气与湿物料在干燥器内逆流接触

4. （　　）越少，湿空气吸收水汽的能力越大。
   A. 湿度　　　B. 相对湿度　　　C. 饱和湿度　　　D. 湿球温度

5. 当空气被水蒸气饱和时（　　）为100%。
   A. 湿度　　　B. 绝对湿度　　　C. 饱和湿度　　　D. 相对湿度

6. 湿球温度和绝热饱和温度（　　）。
   A. 概念相同　　　B. 均易测定　　　C. 数值相同　　　D. 均决定于干球温度和湿度

7. 未饱和的湿空气的干球温度 t、湿球温度 t_W 和露点 t_d 之间的关系为（　　）。
   A. $t=t_W=t_d$　　　B. $t>t_W=t_d$　　　C. $t>t_W>t_d$　　　D. $t>t_d>t_W$

8. 下列说法错误的是（　　）。
   A. 平衡水分不能除去　　　B. 自由水分较易除去
   C. 非结合水分较易除去　　　D. 结合水分也可以除去

9. 下列措施中不能加快干燥速率的是（　　）。
   A. 减少物料粒度及物料层厚度　　　B. 提高干燥介质温度
   C. 降低干燥介质湿度　　　D. 降低干燥介质流速

10. 在干燥的第二阶段，对干燥速率有决定性影响的是（　　）。
    A. 物料的性质和形状　　　B. 物料的含水量
    C. 干燥介质的流速　　　D. 干燥介质的流向

11. 选择干燥器时，首先要考虑的是（　　）。
    A. 能否满足生产的工艺要求　　　B. 生产能力的大小
    C. 热效率的高低　　　D. 流动阻力的大小

12. 在（　　）干燥器中干燥固体物料时，物料不被破碎。
    A. 厢式　　　B. 转筒　　　C. 气流　　　D. 沸腾床

13. 适用于热敏性且临界含水量很低的物料干燥的是（　　）干燥器。
    A. 转筒　　　B. 气流　　　C. 沸腾床　　　D. 喷雾

14. 对干燥介质调节的叙述中错误的是（　　）

A. 升高进口温度能提高干燥速率

B. 增加进口流量能提高干燥速率，但使热量利用率下降

C. 增加出口时湿度一定能降低总费用

D. 增加出口温度能增大热损失

三、计算题（共 34 分）

1. 求总压为 101.3kPa 的空气在温度为 70℃，水蒸气分压为 10.66kPa 时的 H、I、φ 和 t_d。（70℃时 $p_S=31.1640$kPa）（6 分）

2. 空气的干球温度为 22℃，相对湿度为 70%，总压为 101.3kPa。试求下列空气的参数：(1) 湿度；(2) 露点；(3) 湿容积；(4) 比热容；(5) 湿焓；(6) 水蒸气分压。（10 分）

3. 某日产硫酸铵 3000t,硫酸铵的湿基含水量由 5.6%降至 0.3%。求每小时汽化的水分量。(6 分)

4. 总压为 101.3kPa 下在干燥器中将肥料从湿基含水量 5%干燥至 0.5%,干燥器的生产能力是 1.5kg 绝干料/s。热空气进口温度 $t_1=127℃$,湿度 $H_1=0.007$kg(水)/kg(干气),出口温度 $t_2=82℃$,相对湿度为 75%。试求:(1) 水分蒸发量;(2) 干空气消耗量和单位空气消耗量;(3) 若抽风机安在干燥器出口处,风机的风量。(12 分)

第七章 蒸 发

第一节 概 述

知 识 要 点

一、蒸发在工业生产中的应用

(1) 蒸发概念 就是通过加热的方法将稀溶液中的一部分溶剂汽化而除去使溶液浓度提高的操作。

(2) 蒸发目的 为了得到高浓度的溶液,还常用来先将原料液中的溶剂汽化,然后加以冷却以得到固体产品。

(3) 蒸发的特点 蒸发过程中溶质数量不变;可在低于溶剂的沸点和沸点时进行,分别称自然蒸发和沸腾蒸发;蒸发速率决定于传热速率,工程上常把它归类为传热过程;易形成污垢影响传热效果,热敏性物质可能分解变质;蒸发器结构与一般加热器不同;节能问题比一般传热过程更为突出。

有关概念:

一次蒸汽——用来加热的蒸汽。

二次蒸汽——从蒸发器中蒸发出的蒸汽。

多效蒸发——将二次蒸汽引至另一蒸发器作加热蒸汽之用的。

单效蒸发——二次蒸汽不再被利用的。

二、单效蒸发的流程与计算

1. 单效蒸发的流程

(1) 流程 加热蒸汽进入加热室,在管间被冷凝,它所释放出来的冷凝潜热通过管壁传给被加热的料液,使溶液沸腾汽化。蒸汽进入分离室,其中被夹带的一部分液体被在出口处装有的除沫装置分离后进入冷凝器,被冷却水冷凝后排出。加热室管内的溶液被浓缩后,完成液从底部出料口排出。

蒸发操作可在常压、加压或减压下进行。

(2) 减压蒸发优缺点

① 优点:蒸发时溶液沸点低,可增大传热温度差,减少传热面积;可蒸发不耐高温的溶液;可利用低压蒸汽或废气作加热剂;损失热量可减少。

② 缺点:主要由于溶液沸点低,黏度增大,总的传热系数下降;同时还要减压装置,使基建费用和操作费用相应增加。

(3) 单效蒸发应用 因能量消耗大,只能在小批量生产或间歇生产的场合下使用。

2. 单效蒸发的计算

(1) 溶剂的蒸发量 由物料衡算式

$$F \cdot x_{W1} = (F - W) \cdot x_{W2} \qquad (7-1)$$

得

$$W = F\left(1 - \frac{x_{W1}}{x_{W2}}\right) \tag{7-2}$$

(2) 加热蒸汽的消耗量

$$D = \frac{Fc_1(t_f - t_1) + Wr + Q_L}{R} \tag{7-3}$$

缺少可靠数据时 c_1 的估算式

$$c_1 = c_S x_{W1} + c_W (1 - x_{W1}) \tag{7-4}$$

溶液质量分数在 20% 以下时

$$c_1 = c_W (1 - x_{W1}) \tag{7-4a}$$

(3) 加料温度不同对加热蒸汽消耗量的影响

① 沸点进料 $t_1 = t_f$

$$D = \frac{Wr + Q_L}{R} \tag{7-5}$$

若热损失 Q_L 忽略不计 $\frac{D}{W} = \frac{r}{R}$，称单位蒸汽消耗量，是衡量蒸发操作经济性的一个重要指标。

② 冷液进料 $t_1 < t_f$，单位蒸汽消耗量增加。

③ 高于沸点进料 $t_1 > t_f$，料液放出多余热量使部分溶剂自动汽化的现象称为自蒸发。

例 题 解 析

【例 7-1】 在蒸发器中将 20℃ 含 NaCl 10% 的食盐水溶液浓缩到 25%（均为质量分数）。浓缩液的沸点为 373K。求食盐水溶液的比热容。

分析 当缺少可靠数据时，溶液的比热容可用近似公式估算。当质量分数在 20% 以下和以上时的两个估算公式实质上是一样的，前者忽略了溶质的比热容。原料液的比热容随溶液的性质和浓度不同而变化。原料液的比热容和浓缩液的比热容不同（因质量浓度和温度均不同）计算时应取其平均值。固体的比热容随温度变化不大，计算时可取为定值。蒸发时，溶液的沸点应比二次蒸汽的温度要高，但一般高得不多，可取二次蒸汽的温度代替溶液的沸点进行近似计算。

解 查得 NaCl 的比热容 c_S 为 0.838kJ/(kg·K)，从附录五查得 20℃ 时水的比热容 c_{W1} 为 4.183kJ/(kg·K)，373K 时水的比热容 c_{W2} 为 4.217kJ/(kg·K)。

已知 $x_{W1} = 0.10$，$x_{W2} = 0.25$；有

$c_1 = c_{W1}(1 - x_{W1}) = 4.183 \times (1 - 10\%) = 3.765 \text{kJ/(kg·K)}$

$c_2 = c_S x_{W2} + c_{W2}(1 - x_{W2}) = 0.838 \times 0.25 + 4.217 \times (1 - 0.25) = 3.372 \text{kJ/(kg·K)}$

$c_m = \dfrac{c_1 + c_2}{2} = \dfrac{3.765 + 3.372}{2} = 3.568 \text{kJ/(kg·K)}$

说明 计算结果，c_1 略大于 c_m。一方面由于计算 c_m 值比较麻烦，另一方面在计算热负荷及加热蒸汽消耗量时略留些余地，应是合理的，所以往往取原料液最初的比热容来进行计算。

【例 7-2】 今欲将质量分数为 11.6% 的 NaOH 溶液浓缩到 18.3%，已知溶液的起始温度为 293K，溶液的沸点为 337.2K，加热蒸汽的压强约为 0.2MPa，每小时处理的原料量为 1t，设备的热损失按热负荷的 5% 计算。试求加热蒸汽消耗量。

分析 解题时应注意两个问题，一是可取原料液的比热容作为溶液在蒸发过程中的平均

比热容进行计算。二是蒸发时加热蒸汽走管间，溶液走管内，应取溶液吸收的热量为热负荷；热损失为热负荷的 5%，即加热蒸汽放出的热量应为溶液吸收热量的 1.05 倍。

解 已知 $F=1000\text{kg/h}$，$t_1=293\text{K}$，$t_f=337.2\text{K}$，$Q_L=0.05[Fc_1(t_f-t_1)+Wr]$，$x_{W1}=11.6\%$，$x_{W2}=18.3\%$。

从附录五查得 293K 时，水的比热容 c_{W1} 为 4.183kJ/(kg·K)

$$c_1 = c_{W1}(1-x_{W1}) = 4.183 \times (1-0.116) = 3.70 \text{kJ/(kg·K)}$$

从附录七或附录八查得加热蒸汽为 0.2MPa 时的汽化潜热 $R=2204.6\text{kJ/kg}$，温度为 337.2K 时二次蒸汽的汽化潜热 $r=2345.7\text{kJ/kg}$。

$$W = F\left(1-\frac{x_{W1}}{x_{W2}}\right) = 1000 \times \left(1-\frac{0.116}{0.183}\right) = 366 \text{kg/h}$$

$$D = \frac{Fc_1(t_f-t_1)+Wr+Q_L}{R} = \frac{1.05[Fc_1(t_f-t_1)+Wr]}{R}$$

$$= \frac{1.05 \times [1000 \times 3.70 \times (337.2-293)+366 \times 2345.7]}{2204.6} = 487 \text{kg/h}$$

习　题

一、填空题

1. 蒸发就是通过_____的方法，将稀溶液中的_____溶剂_____而_____，从而使溶液_____的一种单元操作。

2. 蒸发分_____蒸发和_____蒸发两种，工业生产中普遍采用的是_____汽化。

3. 蒸发操作中，用来加热的蒸汽称为_____蒸汽，从蒸发器中蒸发出来的蒸汽称为_____蒸汽。

4. 蒸发操作可以在_____压、_____压或_____压下进行。按二次蒸汽的利用情况可分为_____蒸发和_____蒸发。

5. 对于单效蒸发在给定生产任务和确定了操作条件后，可用物料衡算和热量衡算来计算_____的_____量及_____的_____量。

6. 加热蒸汽提供的热量主要用于：(1) 将原料从_____温度加热到_____温度所需的显热；(2) 在_____温度下使溶剂汽化所需的潜热；(3) 补偿蒸发过程的_____。

二、选择题

1. 减压蒸发不具有的优点是（　　）。
   A. 减少传热面积　　　　　　　　　B. 可蒸发不耐高温的溶液
   C. 提高热能利用率　　　　　　　　D. 减少基建费和操作费

2. 下列说法错误的是（　　）。
   A. 在一个蒸发器内进行的蒸发操作是单效蒸发
   B. 蒸发与蒸馏相同的是整个操作过程中溶质数不变
   C. 加热蒸汽的饱和温度一定高于同效中二次蒸汽的饱和温度
   D. 蒸发操作时，单位蒸汽消耗量随原料液温度的升高而减少

三、计算题

1. 今欲利用一单效蒸发器将某溶液从 5% 浓缩至 25%（均为质量分数），每小时处理的原料量为 2000kg。(1) 试求每小时蒸发的溶剂量；(2) 如实际蒸发出的溶剂为 1800kg/h，求浓缩后溶液的含量。

2. 设固体 NaOH 的比热容为 1.31kJ/(kg·K)，试分别估算 10%和 30%（均为质量分数）的 NaOH 水溶液在 293K 时的比热容。

3. 今欲将 10t/h 的 NH_4Cl 水溶液从 10%浓缩至 25%（均为质量分数），设溶液的进料温度为 290K，沸点为 348K，所使用的加热蒸汽的压强为 274.16kPa，热损失估计为理论热量消耗的 5%。求加热蒸汽消耗量和单位蒸汽消耗量。

第二节　多效蒸发

知 识 要 点

一、多效蒸发对节能的意义

1. 多效蒸发概念及应用

多效蒸发是将几个蒸发器按一定的方法组合起来，将前一个蒸发器所产生的二次蒸汽引到后一个蒸发器中作为加热热源使用。每一个蒸发器称为一效。大规模、连续生产的场合均采用多效蒸发。

2. 对节能的意义

随着效数的增加，单位蒸汽消耗量减少，所能节省的加热蒸汽费用越多；但每增加一效，单位蒸汽消耗量的减少率越少，设备费用仍相应增加。

二、多效蒸发的流程

1. 并流（顺流）加料流程

（1）流程　溶液和蒸汽都按顺序流过第Ⅰ、Ⅱ、Ⅲ效后排出。

（2）优点　溶液不需用泵输送，产生二次蒸汽多。

（3）缺点　溶液逐效增浓，温度降低，黏度增高，传热系数降低，不宜处理黏度随浓度增加而迅速加大的溶液。

2. 逆流加料流程

（1）流程　料液的流向与蒸汽流向相反。

（2）优点　各效溶液黏度相差不大，传热系数不太小，有利于提高生产能力；末效蒸发量少，减少了冷凝器的负荷。

（3）缺点　效与效间溶液用泵输送，增加电能消耗，使装置复杂化。

3. 平流加料流程

每一效都送入原料液，放出完成液。主要用在蒸发过程中有晶体析出的场合。

习　题

一、填空题

根据加料方式不同，多效操作的流程可分为_____流、_____流和_____流。

二、选择题

1. 二次蒸汽为（　　）。

A. 加热蒸汽　　　　　　　　　B. 第二效所用的加热蒸汽

C. 第二效溶液中蒸发的蒸汽　　D. 无论哪一效溶液中蒸发出来的蒸汽

2. 下列说法错误的是（　　）。

A. 多效蒸发时，后一效的压力一定比前一效的低

B. 多效蒸发时效数越多，单位蒸汽消耗量越少

C. 多效蒸发时效数越多越好

D. 大规模连续生产场合均采用多效蒸发

3. 多效蒸发流程中不宜处理黏度随浓度的增加而迅速增大的溶液的是（　　），主要用在蒸发过程中有晶体析出场合的是（　　）。

A. 顺流加料　　　B. 逆流加料　　　C. 平流加料

第三节　蒸发设备

知识要点

一、常见蒸发设备

主体设备蒸发器的基本组成部分：加热室和分离室。

辅助设备：除沫器、冷凝器、真空泵等。

1. 自然循环型蒸发器

（1）特点　溶液在加热室被加热的过程中产生密度差，形成自然循环。

（2）加热室型式　横卧式和竖式。

（3）几种主要结构型式的蒸发器　中央循环管式（标准式）蒸发器、悬筐式蒸发器、外加热式蒸发器、列文蒸发器的结构，作用原理，优缺点。

2. 强制循环蒸发器

结构，作用原理，优缺点。

3. 膜式蒸发器

（1）特点　溶液仅通过加热管一次，不作循环，溶液在加热管壁上呈薄膜状，蒸发速度快，传热效率高，对处理热敏性物料的蒸发特别适宜，对于黏度较大，容易产生泡沫的物料的蒸发比较适用。

（2）常用结构型式　升膜式蒸发器、降膜式蒸发器、回转薄膜式蒸发器结构，适用场合（优缺点）。

二、蒸发操作的要点

提高蒸发器在单位时间内蒸发水分的方法。

① 合理选择蒸发器，应根据溶液的性质选择。

② 提高加热蒸汽压力和降低冷凝器中二次蒸汽压力。

③ 提高传热系数 K 的主要途径：

a. 及时排除不凝性气体。

b. 定期清洗除垢，另一方面采取措施，使污垢不易生成。

c. 提高溶液的循环速度和湍动程度。

④ 增加传热面积，在操作中注意蒸发器内液面高低。

习　题

一、填空题

1. 蒸发所用的主体设备蒸发器由_____室和_____室两个基本部分组成。此外，蒸发设备还包括_____器、_____器及减压蒸发时采用的_____等辅助设备。

2. 由于加热室的结构形式和溶液在加热室中运动情况不同，蒸发器分为_____循环型、_____循环型、_____式及浸没燃烧蒸发器等。

3. 要提高蒸发器在单位时间内蒸发的水分，必须做到：（1）合理选择蒸发器；（2）提高_____蒸汽压力，降低_____蒸汽压力；（3）提高_____；（4）增加_____。

二、选择题

1. 将加热室安在蒸发室外面的是（　　）蒸发器。

A. 中央循环管式　　B. 悬筐式　　C. 列文式　　D. 强制循环式

2. 下列结构最简单的是（　　）蒸发器；溶液循环速度最快的是（　　）蒸发器。

A. 标准式　　B. 悬筐式　　C. 列文式　　D. 强制循环式

3. 膜式蒸发器中，适用于易结晶、结垢物料的是（　　）。

A. 升膜式　　B. 降膜式　　C. 升降膜式　　D. 回转式

综合练习题

一、填空题（每空 2 分，共 54 分）

1. 蒸发的目的是为了得到_____的_____。

2. 根据二次蒸汽是否利用，可将蒸发分为_____蒸发和_____蒸发。

3. 蒸发操作可在_____压、_____压或_____压下进行。

4. 对单效蒸发，通过物料衡算可计算_____的_____量，通过热量衡算可计算

_____的_____量。

5. 蒸发器中加热蒸汽提供的热量主要用于：（1）使原料液_____所需的_____热；（2）使溶剂_____所需的_____热；（3）补偿蒸发过程的_____。

6. 蒸发器由_____室和_____室两个基本部分组成。

7. 由于加热室的结构形式和溶液在加热室中运动情况不同，蒸发器可分为_____型、_____型、膜式及浸没燃烧蒸发器等。

8. 膜式蒸发器的特点是溶液通过加热管仅_____次，_____（作、不作）循环，溶液在加热管壁上呈_____状，蒸发速度_____，传热效率_____。

9. 提高_____的压力和降低_____的压力，都有助于提高传热温度差。

二、选择题（每小题 4 分，共 24 分）

1. 蒸发与蒸馏相同之处是（　　）。
   A. 目的　　　B. 设备　　　C. 溶剂有无挥发性　　　D. 溶质有无挥发性

2. 下列说法正确的是（　　）。
   A. 单效蒸发比多效蒸发应用广
   B. 减压蒸发可减少设备费用
   C. 二次蒸汽即第二效蒸发的蒸汽
   D. 采用多效蒸发的目的是降低单位蒸汽消耗量

3. 在多效蒸发的三种流程中（　　）。
   A. 加热蒸汽流向不相同
   B. 后一效的压力不一定比前一效低
   C. 逆流进料能处理黏度随浓度的增加而迅速加大的溶液
   D. 同一效中加热蒸汽的压力可能低于二次蒸汽的压力

4. 在自然循环蒸发器中溶液循环速度最快的是（　　）。
   A. 中央循环式　　　B. 悬筐式　　　C. 外加热式　　　D. 列文式

5. 热敏性物料宜采用（　　）蒸发器。
   A. 自然循环式　　　B. 强制循环式　　　C. 膜式　　　D. 都可以

6. 蒸发操作中，下列措施中不能显著提高传热系数 K 的是（　　）
   A. 及时排除加热蒸汽中的不凝性气体　　　B. 定期清洗除垢
   C. 提高加热蒸汽的湍动程度　　　D. 提高溶液的速度和湍动程度

三、计算题（共 22 分）

1. 流量为 10t/h 的 11.6% 的 NaOH 溶液在单效蒸发器内蒸浓至 18.5%（均为质量分数）。求水分蒸发量。（4 分）

2. 每小时要将 2t 质量分数为 6% 的 $CaCl_2$ 水溶液增浓至 30%，原料液加入蒸发器时的温度为 293K，沸点为 360K，加热蒸汽的绝对压力为 200kPa，二次蒸汽的绝对压力为 50kPa，热损失为理论热量消耗的 10%，蒸发器的传热系数 K 为 $2300W/(m^2 \cdot K)$。试求：

(1) 加热蒸汽消耗量和单位蒸汽消耗量；

(2) 此蒸发器的传热面积。(18 分)

第八章 结 晶

第一节 概 述

知识要点

一、结晶及其工业应用

1. 结晶概念 是固体物质以晶体状态从蒸汽、溶液或熔融物中析出的过程。
2. 主要应用
① 制备产品与中间产品。
② 获得高纯度的固体物料。
3. 操作特点
① 能从含杂质较多的混合液中分离出高纯度晶体。
② 能分离高熔点混合物、相对挥发度小的物系及共沸物、热敏性物质等难分离物系。
③ 操作能耗低，对设备材质要求不高，一般很少有"三废"排放。
4. 基本概念

(1) 结晶 已溶解的溶质粒子撞击到固体溶质表面时，重新变成固体从溶剂中析出的过程。

(2) 晶体 化学组成均一的固体，组成它的分子（原子或离子）在空间格架的结点上对称排列，形成有规则结构。

(3) 晶系 构成晶体的微观粒子按一定的几何规则排列，形成的最少单元称为晶格。按晶格的空间结构不同分为不同晶系。

(4) 晶习 微观粒子的规则排列按不同方向发展（即各晶面以不同的速率生长），从而形成不同外形的晶体，这种习性及最终形成的晶体外形称为晶习。

控制结晶操作的条件以改善晶习，获得理想的晶体外形，是结晶操作区别于其他分离操作的重要特点。

(5) 晶核 结晶初期从溶液中产生的作为结晶核心的微观晶粒。

(6) 晶浆 结晶出来的晶体和剩余的溶液构成的悬混物。

(7) 母液 从晶浆中去除晶体后所剩的溶液。

二、固液体系相平衡

1. 相平衡与溶解度

(1) 相平衡 一定条件下，溶解与结晶的速率相等时，固体与溶液互相处于动态相平衡状态。这时溶解在溶剂中的固体的量达到最大限度。

(2) 溶解度
① 概念：一定条件下，处于相平衡状态下的溶液称为饱和溶液，饱和溶液中溶质的浓度即是此条件下该溶质的溶解度。
② 表示：100g 水或其他溶剂中最多能溶解无水盐溶质的质量。

③ 影响因素：一定固体物质在一定溶剂中的溶解度主要受温度变化影响，而受压力变化的影响很小，常可忽略不计。

④ 溶解度曲线：表示溶质在溶剂中的溶解度与温度的关系曲线。许多物质的溶解度曲线是连续、中间无断折的，且随温度升高而明显增加；但有些水合盐的溶解度曲线有明显的转折点，表示其组成有所改变；还有一些物质的溶解度随温度升高而减小或影响很小。

2. 过饱和度

(1) 概念　溶质的质量浓度大于溶解度时的溶液称为过饱和溶液；同一温度下，过饱和溶液与饱和溶液间的浓度差称为过饱和度。

过饱和度是结晶过程必不可少的推动力。

(2) 制备过饱和溶液的条件　溶液纯洁；装溶液的容器干净；缓慢降温；溶液没有受到搅拌、震荡、超声波的振动或刺激。

(3) 过冷度　某些溶液降到饱和温度时，无晶体析出，要降到饱和温度之下才有晶体析出。这种低于饱和温度的温度差称为过冷度。

3. 溶液过饱和度与结晶关系

(1) 超溶解度曲线　溶液达到过饱和，其溶质能自发地结晶析出的浓度曲线称超溶解度曲线，它与溶解度曲线大致平衡，其位置受许多因素（影响结晶析出的因素）的影响。

(2) 浓度-温度图的三个区域　溶解度曲线以下为稳定区，在此区域内溶液未饱和，没有结晶的可能；超溶解度曲线以上为不稳定区，溶液能自发地产生晶核；两曲线间称介稳区，在此区域内溶液总处于过饱和状态，但不会自发地产生晶核，若加入晶种，能促使溶液结晶。介稳区决定了诱导结晶时的浓度和温度间的关系。

三、晶核的形成

溶质从溶液结晶出来的两个步骤：首先产生晶核作为结晶的核心；其次是晶核长大成为宏观的晶粒。即晶核的生成和晶体成长过程。

1. 晶核的形成

(1) 形成过程　可能是成核之初溶液中快速运动的溶质元素相互碰撞结合成线体单元，增长到一定限度后成为晶胚，进一步长大成为稳定的晶核。

(2) 三种成核机理　初级均相成核、初级非均相成核和二次成核。一般工业主要采用的二次成核机理是含有晶体的溶液在晶体相互碰撞或晶体与搅拌桨（或器壁）碰撞时所产生的微小晶体的诱导下发生的。

2. 影响因素

(1) 过饱和度的影响　成核速率随过饱和度的增加而增大，与溶液的过冷度也有关。

(2) 搅拌强度的影响　适当地增加搅拌强度，可以防止局部浓度不均，减少了大量晶核析出的可能。但搅拌强度过大，将使介稳区缩小，容易超越介稳区而产生细晶，同时使大粒晶体摩擦、撞击而破碎，晶核大大增加。

(3) 冷却速度的影响　冷却速度快，过饱和度增大就快，容易超越介稳定，析出大量晶核。

(4) 杂质的影响　当杂质存在时，物质的溶解度发生变化，导致溶液的过饱和度发生变化，对成核速率可能加快，也可能减慢。

四、晶体的成长

1. 晶体的成长过程

(1) 成长过程　是指过饱和溶液中的溶质质点在过饱和度推动力作用下,向晶核或加入的晶种运动并在其表面上层层有序排列,使晶核或晶种微粒不断长大的过程。

(2) 成长机理　首先溶液中过剩的溶质质点由液相主体穿过靠近晶体表面的层流液层(边界层)转移至晶体表面,属扩散过程。其次是到达晶体表面的溶质质点按一定排列方式嵌入晶面,使晶体长大并放出结晶热,称为表面反应过程。

2. 影响因素

(1) 过饱和度的影响　增加过饱和度,晶体成长速率增大,将过饱和度控制在介稳区内某一定值,可控制晶核的形成而保持较高的晶体成长速率。

(2) 温度的影响　升高温度,晶体的成长速率一方面由于粒子相互作用的过程加速而加快,另一方面由于过饱和度或过冷度的降低而减慢。

缓慢冷却,在晶体生长的同时,溶质的浓度下降,结晶保持在介稳区且过饱和度较低的条件下进行,生产出的晶体大而比较均匀。

(3) 搅拌的影响　适当搅拌,加速溶质扩散过程,有利于晶体成长;能使晶核散布均匀,防止晶体粘连在一起形成晶簇。

(4) 杂质的影响　溶液中杂质对晶体成长速率的影响较复杂,有的能抑制晶体的成长,有的能促进成长,有的能改变晶习。

(5) 晶种的影响　在介稳区加入晶种,溶液中溶质质点便会在各晶面上排列,使晶体长大,加快晶体生长的速率。

如果晶核形成速率远远大于晶体成长速率,产品中晶体小而多;如果晶核形成速率远远小于晶体成长速率,产品中晶体颗粒大且均匀。如果两者速率相近,产品中晶体的粒度大小参差不齐。

例 题 解 析

【例 8-1】 下列叙述正确的是（　　）。
A. 溶液一旦达到过饱和,就能自发地析出晶体
B. 过饱和溶液的温度与饱和溶液的温度差称为过饱和度
C. 过饱和溶液可通过冷却饱和溶液来制备
D. 对一定的溶质和溶剂,其超溶解度曲线只有一条

分析　溶液达到饱和以后,还不能自发地析出晶体,达到一定过饱和度后溶液才能自发地析出晶体,将溶液的温度降到饱和温度以下才能自发析出晶体。这种低于饱和温度的温度差称为过冷度。

过饱和溶液的浓度大于饱和溶液。饱和溶液中,固液两相处于平衡状态不能通过加溶质使其浓度增大,对溶解度随温度下降而减少的物系,可通过冷却其饱和溶液的方法来制备过饱和溶液。

给定物系,其超溶解度曲线受许多因素影响,如搅拌、有无晶种、冷却速率等,改变这些条件,超溶解度曲线的位置也会随之改变。

答　C。

【例 8-2】 在蒸发操作中,下列措施中有利于得到晶体颗粒大而少的产品是（　　）。
A. 增大过饱和度　　　　　　　B. 迅速降温
C. 强烈地搅拌　　　　　　　　D. 加入少量晶种

分析 结晶颗粒的大小实质上由晶核形成速度和晶体成长速率所决定。晶核形成速率小于晶体成长速率，得到晶体颗粒大而少，反之得到晶体颗粒小而多。

晶核形成速率和晶体成长速率均随过饱和度的增加而增大。但过饱和度增大，对成核速率的影响大于晶体生长的速率。迅速冷却，溶液很快达到过饱和，并穿过介稳区到达不稳定区时即自发地产生大量晶核，开始结晶过程，使溶液浓度降低，对晶体的生长不利。温度降低，溶质质点扩散速率下降对晶体的生长也不利。

强烈搅拌，将使介稳区缩小，容易超越介稳区而产生大量细晶，同时使大粒晶体摩擦、撞击而破碎。

加入晶种后，溶液中溶质质点便会在晶种各晶面上排列，使晶体生长速率加快。

答 D。

习 题

一、填空题

1. 结晶是固体物质从_____、_____或_____物中析出的过程。
2. 结晶这一重要的化工单元操作，主要用于：(1)制备_____与_____；(2)获得_____的固体物料。
3. 固体与溶液互相处在_____状态时的溶液称为饱和溶液，其浓度即是在此温度下的_____。通常用_____g水或其他溶剂中最多能溶解无水盐溶质的_____量来表示。
4. 一定固体物质在一定溶剂中的溶解度主要随_____变化，而随_____的变化很小，常可忽略不计。
5. 溶解度曲线表示溶质在溶剂中的溶解度随_____变化而变化的关系。
6. 溶液质量浓度等于溶解度的溶液称为_____溶液；低于溶解度的溶液称为_____溶液；大于溶解度的溶液称为_____溶液。
7. 同一温度下，_____溶液与_____溶液间的_____差称为过饱和度；_____饱和温度的_____称为过冷度。
8. 溶质能_____地析出晶体的过饱和浓度与温度的关系曲线，称为超溶解度曲线，它和溶解度曲线将浓度-温度图分割为三个区域：(1)_____区；(2)_____区；(3)_____区。
9. 溶质主要是在_____的推动力下结晶析出。
10. 溶质从溶液中结晶出来经历两个步骤，即_____的_____和_____的_____过程。
11. 成核的机理有三种：初级_____成核、初级_____成核和_____成核。一般工业结晶主要采用_____成核。
12. 晶体成长系指过饱和溶液中的溶质质点在_____推动力作用下，向_____或加入的_____运动并在其表面上层层有序排列，使_____或_____微粒不断长大的过程。
13. 按液相扩散理论，晶体的成长过程有三个步骤：(1)_____过程；(2)_____过程；(3)_____过程。
14. 影响晶体成长的因素有：(1)_____；(2)_____；(3)_____；(4)_____；(5)_____；(6)_____。

二、判断题

1. 工业结晶过程不但对纯度和产率而且对晶形、晶粒大小及粒度范围也常加以规定。（　　）
2. 溶解的溶质粒子重新变为固体从溶剂中析出的过程称为结晶。（　　）

3. 晶体中质点的排列是有一定的几何规则的。（　　）

4. 同一晶系的晶体的外形相同。（　　）

5. 晶核是过饱和溶液中首先生成的微小晶体粒子。（　　）

6. 母液是用来作结晶操作的溶液。（　　）

7. 在饱和溶液中，固体与溶液处于相平衡状态。（　　）

8. 在过饱和溶液中，晶体能自发地析出。（　　）

9. 晶核形成的速度大于晶体成长的速度时，产品中晶体颗粒大而少。（　　）

三、选择题

1. 结晶操作不具有的特点是（　　）。

A. 能分离出高纯度晶体

B. 能分离高熔点混合物、相对挥发度小的物系、热敏性物质等

C. 操作能耗低

D. 操作速率快

2. 下列条件下，不能制备过饱和溶液的是（　　）。

A. 溶液纯洁　　　B. 容器干净　　　C. 缓慢降温　　　D. 进行搅拌

3. 不一定能加快成核速率的因素是（　　）。

A. 增大过饱和度　　B. 强烈搅拌　　C. 超声波、电场、磁场　　D. 杂质的存在

4. 下列不利于生产大颗粒结晶产品的是（　　）。

A. 过饱和度小　　　　　　　B. 冷却速率慢

C. 加大搅拌强度　　　　　　D. 加少量晶种

第二节　结晶方法

知识要点

冷却结晶、蒸发结晶、真空冷却结晶、盐析结晶、反应沉淀结晶、升华结晶、熔融结晶的概念，过程机理，适用场合，优缺点。

习　题

一、填空题

结晶方法有：(1)＿＿＿＿结晶；(2)＿＿＿＿结晶；(3)＿＿＿＿结晶；(4)＿＿＿＿结晶；(5)＿＿＿＿结晶；(6)＿＿＿＿结晶；(7)＿＿＿＿结晶。

二、选择题

1. 适用于溶解度随温度降低而显著下降物系的结晶方法是（　　）结晶。

A. 冷却　　　B. 蒸发　　　C. 盐析　　　D. 真空冷却

2. 适用于组分熔点相差显著物系的结晶方法是（　　）结晶。

A. 冷却　　　B. 沉淀　　　C. 升华　　　D. 熔融

3. 不是通过形成过饱和溶液后结晶的是（　　）结晶。

A. 冷却　　　B. 蒸发　　　C. 盐析　　　D. 升华

4. 不需通过物系温度变化后才能结晶的是（　　）结晶。

A. 蒸发　　　B. 盐析　　　C. 升华　　　D. 熔融

第三节 结晶设备与操作

知 识 要 点

一、常见结晶设备
1. 结晶设备的类型、特点及选择
（1）按改变溶液浓度的方法分
① 移除部分溶剂的结晶器：特点，应用。
② 不移除溶剂的结晶器：特点，应用。
（2）按操作方式不同分
① 间歇式结晶设备优缺点。
② 连续式结晶设备优缺点。
（3）选择结晶设备应考虑的因素及首先、其次考虑的因素
2. 常见结晶设备
（1）移除部分溶剂的结晶器 蒸发结晶器、真空结晶器、喷雾结晶器的组成结构，操作方式机理，适用场合，优缺点。
（2）不移除溶剂的结晶器 间接换热釜式结晶器、桶管式结晶器、连续敞口搅拌结晶器、盐析法结晶器结构，操作原理，优缺点。

二、间歇结晶操作
1. 优点
操作简单，易于控制。
2. 操作情况
（1）不加晶种
① 不加晶种迅速冷却：溶液的状态很快穿过介稳区而到达超溶解度曲线上某一点，大量微小的晶核陡然产生出来，属于无控制结晶。
② 不加晶种缓慢冷却：溶液的状态也会穿过介稳区而到达超溶解度曲线，产生较多的晶核。过饱和度因成核有所损耗后，溶液状态离开超溶解度曲线，不产生晶核，由于晶体生长，过饱和度迅速降低，对结晶过程控制有限，所得晶体粒度范围很宽。
（2）加晶种
① 加晶种而迅速冷却：溶液状态一旦越过溶解度曲线，晶种便开始长大，在介稳区中溶液的浓度有所降低；但由于冷却迅速，溶液仍可很快到达不稳定区，不可避免地会有细小的晶核产生。
② 加晶种而缓慢冷却，在操作过程中溶液始终保持在介稳状态，不会发生初级成核现象，晶体的生长速率完全由冷却速率控制，能产生预定粒度的，合乎质量要求的均匀晶体。
3. 要求
在获得良好质量的晶体产品前提下，也要求能尽量地缩短操作所需时间，以得到尽可能多的产品。

习 题

一、填空题
1. 在结晶操作中，首先考虑的是_____与_____的关系；其次考虑的是结晶产品的

_____、_____及_____的要求。

2. 常见的移除部分溶剂的结晶器有_____、_____、_____结晶器；不移除溶剂的结晶器有_____、_____、_____、_____结晶器。

二、选择题

1. 设备结构及操作与普通蒸发器完全相同的是（   ）结晶器。
   A. 蒸发   B. 喷雾   C. 间接换热釜式   D. 桶管式
2. 工作原理与强制循环型蒸发器类似的是（   ）结晶器。
   A. 间接换热釜式   B. 桶管式   C. 连续敞口搅拌   D. 盐析
3. 结晶设备一般都装有（   ）。
   A. 加热器   B. 冷却器   C. 循环泵   D. 真空泵
4. 间歇操作中，能产生预定粒度晶体的操作方法是（   ）。
   A. 不加晶种迅速冷却   B. 不加晶种缓慢冷却
   C. 加有晶种迅速冷却   D. 加有晶种缓慢冷却

综合练习题

一、填空题（每空 2 分，共 60 分）

1. 在化学工业中，常遇到固体物质从_____及_____物中结晶出来。
2. 控制结晶操作的条件以改善_____，获得理想的晶体_____，是结晶操作区别于其他分离操作的重要特点。
3. 在饱和溶液中，固体与溶液处于_____状态。
4. 一定固体物质在一定溶剂中的溶解度主要随_____变化。
5. 同一温度下，过饱和溶液与饱和溶液间的_____差称为过饱和度。低于_____的_____差称为过冷度。
6. 溶液达到过饱和时，其溶质能_____地结晶析出的浓度曲线，称为超溶解度曲线。
7. 超溶解度曲线和溶解度曲线将浓度-温度图分割为三个区域：_____区、_____区和_____区。工业结晶一般在_____区内进行。
8. 溶质从溶液中结晶出来经历两个步骤：（1）_____的生成，其机理有三种：初级均相成核、初级_____和_____；（2）晶体的成长，有三个步骤：_____过程，_____过程和_____过程。
9. 在水溶液中进行结晶的方法有_____结晶、_____结晶、_____结晶、_____结晶、_____结晶。
10. 结晶设备一般按改变溶液浓度的方法分为_____溶剂，也称_____结晶器；_____溶剂，也称_____结晶器；及其他结晶器。其中用于温度对溶解度影响比较大的物质的结晶的是_____结晶器。

二、判断题（每小题 2 分，共 16 分）

1. 晶体可以从蒸汽、溶液或熔融物中析出。（   ）
2. 与其他单元操作相比，结晶操作能耗较大。（   ）
3. 晶体一定具有有规则的结构。（   ）
4. 晶习是同一晶系的晶体在不同条件下形成不同外形的习性。（   ）
5. 母液指用来结晶的溶液。（   ）

6. 过饱和度是产生结晶过程的根本推动力。（   ）

7. 凡是在过饱和溶液中都能自发地析出晶体。（   ）

8. 选择结晶器时，首先考虑的是结晶产品的形状、粒度和粒度分布要求。（   ）

三、选择题（每小题 4 分，共 24 分）

1. 不一定能增大晶核形成速率的是（   ）。

A. 增大过饱和度

B. 强烈搅拌

C. 杂质的存在

D. 加快冷却速度（对溶解度随温度升高而增大的固体）

2. 一定能增大晶体成长速率的是（   ）。

A. 增加搅拌强度　　　　B. 升高温度　　　　C. 加入晶种　　　　D. 杂质的存在

3. 结晶过程中晶核形成速度大于晶体生长速度时产品晶粒（   ）。

A. 大而少　　　　　　B. 小而多　　　　　C. 大小参差不齐　　　D. 少而小

4. 不宜制备过饱和溶液的是（   ）。

A. 缓慢降温　　　　　B. 进行搅拌　　　　C. 容器干净　　　　D. 溶液纯洁

5. 蒸发结晶适用于（   ）的结晶。

A. 溶解度随温度降低而显著下降的物系　　　B. 溶解度随温度的降低而变化不大的物系

C. 具有中等溶解度的物系　　　　　　　　　D. 有机物

6. 在间歇结晶操作中，能产生预定粒度晶体的操作方法是（   ）

A. 不加晶种缓慢冷却　　　　　　　　　　B. 不加晶种迅速冷却

C. 加晶种缓慢冷却　　　　　　　　　　　D. 加晶种迅速冷却

第九章　液-液萃取

第一节　概　　述

知 识 要 点

一、萃取在工业生产中的应用

（1）萃取的概念、机理　萃取操作是指在欲分离的液体混合物中加入一种适宜的溶剂，使其形成两液相系统，利用液体混合物中各组分在两相中分配差异的性质，实现混合液的分离。

（2）有关概念　萃取过程中所用溶剂称为萃取剂，混合液体为原料，原料液中欲分离组分为溶质，其余组分为稀释剂（或原溶剂）。萃取操作中所得到的溶液称萃取相，剩余的溶液称萃余相。

（3）与蒸馏相比，采用萃取操作较为有利的情况
① 混合液中各组分之间的相对挥发度接近于1，或形成恒沸物。
② 需分离的组分浓度很低，且沸点比稀释剂高。
③ 溶液中要分离的组分是热敏性物质。

二、萃取剂的选择

（1）首要条件　与料液混合后，要能分成两相。

（2）还必须分析比较的是　选择性；物理性质（密度、界面张力、黏度）；化学性质；回收的难易；其他指标（价格、来源、毒性及是否易燃易爆等）。

（3）常用萃取剂　有机酸及其盐，有机碱的盐，中性溶剂。

三、萃取操作流程

理论级概念：假设离开每一级萃取器的萃取相与萃余相互成平衡的一级称为一个理论级。

1. 单级萃取流程

（1）流程　原料液与萃取剂一起加入混合器内经一定时间萃取后，将混合液送入澄清器，静止分层后将萃取相与萃余相分别送入溶剂回收设备以回收溶剂，相应得到萃取液和萃余液，回收所得萃取剂循环使用。

（2）缺点　分离较不完全。

2. 多级萃取流程

每一级应满足要求为萃取剂与原料液提供充分接触机会；静置后混合液能较完全分层。流程中必须包括溶剂回收设备。

（1）多级错流萃取流程
① 流程：将若干个单级接触萃取器串联使用，并在每一级中加入新鲜萃取剂。
② 优点：萃取效果好。
③ 缺点：萃取剂耗用量大，回收费用高。
④ 适用：萃取剂为水无需回收时。

（2）多级逆流萃取流程

① 流程：原料液和萃取剂以相反方向流过各级。
② 优点：萃取效果好；所用萃取剂的耗用量比错流流程大为减少。
③ 应用：广泛，特别是当原料液中两组分均为过程的产物，且工艺要求将其进行较彻底的分离时。

习　题

一、填空题

1. 液-液萃取也称_____萃取，简称萃取。这种操作是指在欲分离的液体混合物中加入一种适宜的_____，使其形成两____相系统，利用液体混合物中各组分在两相中____差异的性质，易溶组分较多地进入_____相，从而实现混合液的分离。

2. 在萃取过程中，所用溶剂称为_____剂，混合液体称为_____，其中欲分离的组分称为_____，其余组分称为_____，萃取操作中所得到的溶液称为_____相，剩余的溶液称为_____相。

3. 要选择一个经济有效的萃取剂，必须从以下几个方面作分析、比较：(1) 萃取剂的_____性；(2) 萃取剂的物理性质，包括_____、_____、_____；(3) 萃取剂的化学性质应_____；(4) 萃取剂_____的难易；(5) 其他指标。

4. 工业生产中常用的萃取剂可分为三大类：(1) _____或它们的盐；(2) _____的盐；(3) _____溶剂。

5. 萃取操作过程系由_____、_____、_____相分离、_____相分离等所需的一系列设备共同完成，这些设备的合理组合就构成了萃取操作流程。

6. 工业生产中所采用的萃取流程主要有_____级和_____级之分。

7. 假设离开每一级萃取器的萃取相和萃余相_____，这样的一级称为一个理论级。

二、选择题

1. 与精馏操作相比，萃取操作不利的是（　　）。
A. 不能分离组分相对挥发度接近于1的混合液
B. 分离低浓度组分消耗能量多
C. 不宜分离热敏性物质
D. 流程比较复杂

2. 萃取剂（　　）。
A. 对与溶液中被萃取的溶质有显著的溶解能力，对稀释剂必须不溶
B. 在操作条件下必须使萃取相和萃余相保持一定的密度差
C. 界面张力越大越好
D. 黏度大对萃取有利

3. 能获得含溶质浓度很高的萃取相和含溶质浓度很低的萃余相的是（　　）萃取流程。
A. 单级　　　　　B. 多级错流　　　　　C. 多级逆流　　　　　D. 无法比较

第二节　部分互溶物系的相平衡

知　识　要　点

一、部分互溶物系的相平衡

在萃取过程中至少要涉及三个组分，工业上最常见的情况是溶质 A 可完全溶解在稀释

剂 B 和萃取 S 中,而萃取剂 S 与稀释剂 B 部分互溶,于是在萃取相和萃余相中都含有三个组分。通常采用在三角形坐标图上表示其相平衡关系,即三角形相图。

1. 三角形相图

三角形相图一般采用等边三角形或直角三角形,如图 9-1 所示。三角形的三个顶点分别表示某一种纯物质;三角形各边上的任一点代表一个二元混合物的组成;在三角形内的任一点代表某三元混合物的组成;相组成通常用质量分数表示。图中每一点的组成为该点向三角形每边的垂直距离,如 M 点 $w_A=40\%$,$w_S=20\%$,$w_B=40\%$,$w_A+w_S+w_B=1$。

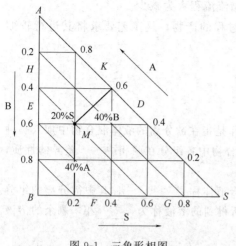

图 9-1 三角形相图

2. 溶解度曲线与联结线(以 A 可完全溶解于 B 和 S 中,但 B 与 S 部分互溶情况为例)

(1) 联结线 恒温下,往一定量的稀释剂和萃取剂的混合物中滴加少量溶质 A,静置分层后分析两相组成,在三角形相图中得到该两相的状态点,该呈平衡的两相称为共轭相(或平衡液),相图中联结该两相的状态点的直线称为联结线。联结线的斜率一般按同一方向缓慢改变,少数体系改变较大,能从正到负。

(2) 溶解度曲线 当 A 的加入量增加到某一程度时,分层现象完全消失。将诸平衡液层的状态点连接起来的曲线即为此体系在该温度下的溶解度曲线。溶解度曲线随物系不同,同一物系随温度不同而异。

溶解度曲线将三角形相图分为两个区:曲线上部为均相区(单相区);曲线与三角形底边所围成的区域为两相区或分层区,它是萃取过程的可操作范围。

3. 辅助曲线与临界混溶点

(1) 辅助曲线及其作法 如图 9-2 所示,已知联结线 E_1R_1、E_2R_2、E_3R_3。从 E_1、E_2、E_3 点分别作 AB 轴的平行线,从 R_1、R_2、R_3 点分别作 BS 轴的平行线,分别得到交点 H、K、J,联结各交点,所得曲线 HKJ 即为该溶解度曲线的辅助曲线。

(2) 辅助线的作用 求任一平衡液相的共轭相。

(3) 临界混溶点 将辅助线延长与溶解度曲线相交在 P 点,该点称为临界混溶点,它将溶解度曲线分为两部分,靠溶剂 S 一侧为萃取相即为 E 相,靠稀释剂 B 一侧为萃余相即 R 相。临界混溶点一般不在溶解度曲线的最高点。

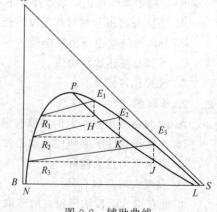

图 9-2 辅助曲线

4. 分配曲线与分配系数

(1) 分配曲线 将三角形相图上各相对应的平衡液层中溶质 A 的浓度转移到 x-y 直角坐标上,所得的曲线称为分配曲线(其中溶质 A 在萃取相的浓度为 y,在萃余相中的浓度为 x)。分配曲线表达了溶质 A 在相互平衡的 R 相与 E 相的分配关系。

(2) 分配系数 在一定温度下,溶质 A 在萃取相 E 中的浓度 y_A 与它在萃余相 R 中的

浓度 x_A 之比，称为分配系数，以 k_A 表示，即

$$k_A = \frac{\text{溶质 A 在萃取相 E 中的浓度}}{\text{溶质 A 在萃余相 R 中的浓度}} = \frac{y_A}{x_A} \quad (9-1)$$

该式又称平衡关系式。

对于 S 与 B 部分互溶的物系，$k_A=1$ 时，联结线与底面平行，其斜率为零；当 $k>1$ 时，联结线斜率大于零；$k_A<1$ 时，联结线斜率小于零。

5. 杠杆规则

（1）杠杆规则　若两个三元混合物 R 和 E 混合成新混合物 M，在三元相图（图 9-3）中新混合物 M 的组成的点必在原两个三元混合物 R 和 E 的组成点的连线上，且原两个三元混合物 R 和 E 的量的比同其组成点与新混合物组成点的距离成反比。即：

$$\frac{R}{E} = \frac{ME \text{ 线段长（以} \overline{ME} \text{ 表示）}}{RM \text{ 线段长（}\overline{RM}\text{ 表示）}} \quad (9-2)$$

根据相似三角形的比例关系，得

$$\frac{R}{E} = \frac{\overline{ME}}{\overline{RM}} = \frac{w_E - w_M}{w_M - w_R} \quad (9-3)$$

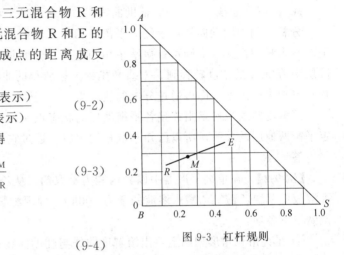

图 9-3　杠杆规则

（2）和点与差点

由总物料衡算，可得

$$R + E = M \quad (9-4)$$

即 M 点是 R 和 E 两溶液相混合时的和点，反之 R 点称为三元混合物 M 与移出溶液 E 的差点。

二、单级萃取在相平衡图上的表示

1. 混合

往溶质 A 和稀释剂 B 所组成的原料液 F 中加入适量的萃取剂 S，使混合液的总组成落在两相区的某点 M 处。表示原料液的组成点 F 必在三角形相图的 AB 边上（如图 9-4 所示），M 点必在 FS 的连线上，且 S 与 F 的数量关系可表达为：

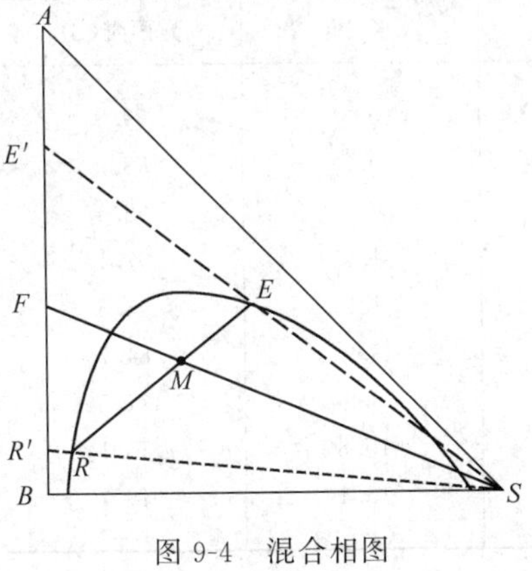

$$\frac{S}{F} = \frac{\overline{MF}}{\overline{MS}}$$

2. 分层

溶质 A 进行重新分配后静置分层，若两相达平衡，则萃余相 R 与萃取相 E 的数量关系为：

$$\frac{E}{R} = \frac{\overline{MR}}{\overline{ME}}$$

图 9-4　混合相图

3. 分离液层，回收溶剂

分离液层，得萃取相与萃余相，然后分别回收其中的溶剂，得萃取液 E′ 和萃余液 R′。它们之间的数量关系为：

$$\frac{E'}{R'} = \frac{\overline{FR'}}{\overline{FE'}}$$

4. 最高萃取液组成 若从 S 点作溶解度曲线的切线与 AB 边的交点即为在一定操作条件下可能获得的含组分 A 最高的萃取液的组成点。

例 题 解 析

【例 9-1】 已知萃取相的组成,在三角形相图中不能通过以下曲线求得与其共轭的萃余相的组成的是（　　）。

A. 溶解度曲线　　　B. 辅助曲线　　　C. 分配曲线　　　D. 均不能求得

分析 利用辅助曲线可求任一平衡液相的共轭相,若已知萃取相的组成点可求出与其共轭的萃余相的组成点,即可查得萃余相的组成。分配曲线是将三角形相图上各相对应的平衡液层中溶质 A 的浓度转移到 x-y 直角坐标上,所得的曲线。在坐标图上,已知 y_A（溶质 A 在萃取相中的浓度）即可通过分配曲线查得 x_A（溶质 A 在萃余相中的浓度）。

溶解度曲线虽然是由连接各平衡液层的状态点所成,但反过来仅有溶解度曲线却不能确定平衡两液层的关系,所以已知萃取相的组成,通过它不能求得其共轭相的组成。

答 A。

【例 9-2】 在单级萃取器中以异丙醚为萃取剂,从乙酸组成为 0.50（质量分数）的乙酸水溶液中萃取乙酸。乙酸水溶液的量为 500kg,异丙醚量为 600kg。系统平衡数据见表 9-1,试做以下各项:

① 在直角三角形相图上绘出溶解度曲线与辅助曲线;
② 确定原料与萃取剂混合后,混合液的坐标位置;
③ 萃取过程达平衡时萃取相与萃余相的组成与量;
④ 萃取相与萃余相间溶质（乙酸）的分配系数;
⑤ 两相脱除溶剂后,萃取液与萃余液的组成与量。

表 9-1　系统平衡数据

在萃余相 R(水层)中			在萃取相 E(异丙醚层)中		
乙酸(A)	水(B)	异丙醚(S)	乙酸(A)	水(B)	异丙醚(S)
0.69	98.1	1.2	0.18	0.5	99.3
1.4	97.1	1.5	0.37	0.7	98.9
2.7	95.7	1.6	0.79	0.8	98.4
6.4	91.7	1.9	1.9	1.0	97.1
13.30	84.4	2.3	4.8	1.9	93.3
25.50	71.1	3.4	11.40	3.9	84.7
37.00	58.6	4.4	21.60	6.9	71.5
44.30	45.1	10.6	31.10	10.8	58.1
46.40	37.1	16.5	36.20	15.1	48.7

分析 本例中,联结线的斜率为负,其辅助曲线的作法与联结线的斜率为正时有所不同。从原则上说,通过萃取相各状态点和与其共轭的对应的各萃余相状态点分别作三角形相邻两轴的平行线后连接各交点,所得曲线即为该溶解度曲线的辅助曲线。从本例情况看,从

萃取相各状态点作 AB 轴的平行线与通过与其共轭的萃余相的状态点作 AS 轴的平行线较为合适。

另外,要求作通过点 M 的联结线 RE,在 RE 均未知的情况下,只能用试差法。其余的根据杠杆规则按单级萃取在相平衡图上的表示进行作图和计算即可。

解 ① 根据附表中的平衡数据,在三角形坐标图上绘出溶解度曲线,并做出辅助曲线。

② 在 AB 坐标轴上根据原料液中乙酸的组成 0.5 确定出 F 点。因萃取剂是纯异丙醚,则萃取剂的状态点在三角形的顶点 S 上。连接 F、S 两点,得直线 FS。再由乙酸溶液的量为 500kg,异丙醚的量为 600kg,根据杠杆规则,有

$$\frac{\overline{MF}}{\overline{MS}} = \frac{S}{F} = \frac{600}{500} = \frac{6}{5}$$

作混合液的坐标位置 M,使 $\frac{\overline{MF}}{\overline{MS}} = \frac{6}{5}$。

③ 利用所作出的辅助曲线,用试差作图法作出通过点 M 的联结线 RE,由图可知两相的组成分别为

E 相:$w_A = 18\%$,$w_B = 4\%$,$w_S = 78\%$;
R 相:$w_A = 33\%$,$w_B = 63\%$,$w_S = 4\%$;
混合物 $M = F + S = 500 + 600 = 1100$ kg
量得 $\overline{ME} = 2.4$,$\overline{ER} = 7.5$,有

$$\frac{R}{M} = \frac{\overline{ME}}{\overline{ER}} = \frac{2.4}{7.5} = 0.32$$

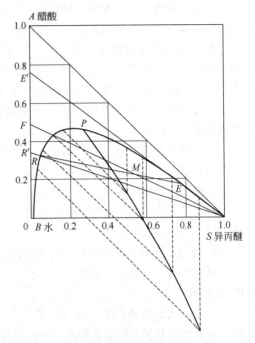

图 9-5 例 9-2 相图

则

$$R = \frac{R}{M} \times M = 0.32 \times 1100 = 352 \text{kg}$$

$$E = M - R = 1100 - 352 = 748 \text{kg}$$

④

$$\frac{y_A}{x_A} = \frac{18\%}{33\%} = 0.5455$$

⑤ 过 E、S 两点及 R、S 两点分别作直线,并延长交 AB 边得两点 E′ 和 R′。查得 $w_{E'} = 0.76$,$w_{R'} = 0.35$,在图中量得 $\overline{ES}$ 和 $\overline{EE'}$ 的长度分别为 3.0 和 9.8,由杠杆规则得

$$E' = \frac{\overline{ES}}{\overline{EE'}} \times S = \frac{3.0}{9.8} \times 600 = 183.7 \text{kg}$$

则

$$R' = F - E' = 500 - 183.7 = 316.3 \text{kg}$$

说明 通过作图计算所得溶质 A 的含量为

$$E' w_{E'} + R' w_{R'} = 183.7 \times 0.76 + 316.3 \times 0.35 = 250.3 \text{kg}$$

而实际上原料液中溶质 A 的含量为

$$500 \times 0.5 = 250 \text{kg}$$

说明通过作图计算的结果与实际之间是有一定误差的。

习 题

一、填空题

1. 在萃取操作中，最常见的是_____元混合物，通常采用在_____形坐标图上表示其相平衡关系，即_____形相图。

2. 萃取操作中相组成通常用_____分数或_____分数表示。三角形相图一般采用_____三角形或_____三角形。三角形的三个顶点分别表示某一种_____，各边上的任一点代表一个_____元混合物的组成，三角形内的任一点代表某_____元混合物的组成。

3. 萃取操作中物质互溶度较为普遍的是：溶质 A 可_____溶解于稀释剂 B 和萃取剂 S 中，但稀释剂与萃取剂为_____互溶。

4. 三角形相图中联结呈平衡的_____相组成的直线称联结线，或称平衡线；将_____平衡液层的状态点连接起来的曲线即为此体系在该温度下的溶解度曲线。溶解度曲线将相图分为两个区，即_____相区（或_____相区），_____相区（或_____区）。

5. _____点将溶解度曲线分为两部分，靠溶剂一侧为_____相，靠稀释剂一侧为_____相。

6. 将三角形相图上各相对应的平衡液层中溶质 A 的浓度转移到_____坐标上，所得的曲线称为分配曲线，图中 x_A 表示溶质 A 在_____相中的质量分数，y_A 表示溶质 A 在_____相中的质量分数。

7. 在一定温度条件下，溶质 A 在_____相中的浓度与它在_____相中浓度之比称为分配系数。对于 S 与 B 部分互溶的物系，分配系数与联结线的_____有关。

8. 若三元混合物 R 与 E 混合后形成新的混合物 M，则在三元相图中 R、E 的组成点称为_____点，M 的组成点称为_____点。

9. 根据杠杆规则，可利用相图计算萃取操作时_____相与_____相以及_____液与_____液的_____与_____。

二、判断题

1. 在萃取操作中稀释剂和萃取剂必须互不相溶。（　　）
2. 三角形相图上的任一点均能代表某三元混合物的组成。（　　）
3. 三角形中的两相区是萃取过程的可操作范围。（　　）
4. 在同一物系中，联结线的斜率可从正到负。（　　）
5. 同一物系在不同温度下，溶解度曲线的形状不同。（　　）
6. 利用辅助曲线可求得任一平衡液相的共轭相。（　　）
7. 临界混溶点必在溶解度曲线的最高点上。（　　）
8. 分配系数越大，说明每次萃取能取得的分离效果越好。（　　）
9. 凡符合和点或差点的三个三元混合物的组成、质量均符合杠杆规则，三点共线。（　　）
10. 在相图中利用杠杆规则可求得萃取液中溶质所能达到的极限浓度。（　　）

三、计算题

1. 在 20℃ 的操作条件下，用线性异丙醚作为溶剂，在单级萃取器中从含乙酸 0.20（质量分数）的水溶液中萃取乙酸，处理量为 100kg，要求萃余相乙酸含量不超过 0.10（质量分数），求所需溶剂量。若原料的乙酸组成变为 0.4，溶剂量不变，所得萃余相组成为多少？若仍要求萃余

相乙酸组成不超过 0.10，所需溶剂量为多少？（操作条件下的平衡数据见例 9-2）

2. 某混合液含溶质 A 0.4，稀释剂 B 0.6（均为质量分数），处理量为 100kg，用纯溶剂进行单级萃取。相平衡曲线数据如表 9-2 所示，试求：

（1）可能操作（开始分层）的最大溶剂量；
（2）可能操作的最小溶剂量；
（3）萃取液浓度最大时的溶剂量。

表 9-2　操作条件下的相平衡曲线数据表

萃余相（质量分数）			萃取相（质量分数）		
A	B	S	A	B	S
0	0.98	0.02	0	0.1	0.9
0.5	0.92	0.03	0.14	0.05	0.81
0.10	0.86	0.04	0.22	0.045	0.735
0.15	0.80	0.05	0.295	0.045	0.66
0.20	0.738	0.062	0.355	0.06	0.585
0.25	0.675	0.075	0.405	0.08	0.515
0.30	0.61	0.09	0.445	0.103	0.452
0.35	0.535	0.115	0.48	0.13	0.39
0.40	0.45	0.15	0.495	0.175	0.33
0.45	0.365	0.185	0.50	0.22	0.28
0.48	0.30	0.22	0.495	0.25	0.255

第三节　萃取设备

知识要点

一、塔式萃取设备

（1）萃取设备应有的主要性能　能为两液相提供充分混合与充分分离的条件。

（2）设备内装有的装置　喷嘴、筛孔板、填料或机械搅拌装置。

（3）几种常用萃取塔　填料萃取塔、筛板萃取塔、转盘萃取塔、往复振动萃取塔、脉冲萃取塔的结构，操作方式，优缺点，适用场合。

（4）萃取设备的选用

① 选择的主要原则：满足生产工艺的要求和条件；经济上确保生产成本最低。

② 选择时应考虑的问题及具体选择：有无外能输入；界面张力和两相密度差 $\Delta\rho$ 的比值 $\sigma/\Delta\rho$；物系有无腐蚀性；物系有无固体悬浮物存在；理论级数多少；处理量大小；物系的稳定性与停留时间等。

二、萃取塔的操作

1. 萃取塔的开车
2. 维持正常操作要注意的事项

（1）两相界面高度要维持稳定。

（2）防止液泛。

（3）减少返混。

3. 停车。

习　题

一、填空题

1. 萃取设备的主要性能是能为两相提供充分_____与充分_____的条件。在萃取设备内装有_____、_____板、_____或_____装置等。两相流体在设备内一般以_____流流动方式进行操作。

2. 常用的萃取塔有_____、_____、_____、_____、_____萃取塔等。

3. 选择萃取设备的原则是：满足生产的_____和_____；经济上确保生产成本_____。

4. 维持正常操作要注意的事项有：(1) 两相界面高度要_____；(2) 防止_____；(3) 减少_____。

二、判断题

1. 萃取与蒸馏用的填料塔和筛板塔的结构基本相似。（　　）
2. 萃取塔开车时，应先注满连续相，后进分散相。（　　）
3. 萃取塔停车时，对连续相为重相的，先关轻相进口阀，再关重相进口阀。（　　）

三、选择题（多项选择）

在下列萃取设备中，若处理腐蚀性物料，宜选用（　　）；若物系有固体悬浮物存在，一般可选用（　　）；所需理论级数大于 5 时，一般只能选用（　　）；若所需设备处理量小时，可选用（　　）；处理量较大时，可选用（　　）。

A. 填料塔　　　　B. 筛板塔　　　　C. 转盘塔　　　　D. 混合澄清器

综合练习题

一、填空题（每小题 2 分，共 48 分）

1. 萃取操作是指在欲分离的液体混合物中加入一种_____，使其形成两液相系统，利用液体混合物各组分在两相中_____差异的性质实现混合物的分离。

2. 萃取操作比一般蒸馏有利的是：(1) 能分离各组分之间的相对挥发度_____或形成_____物的混合物；(2) 分离低浓度组分耗能_____；(3) 宜分离_____性物质。

3. 萃取操作全过程包括：(1) 原料和萃取剂的_____；(2) 萃取相和萃余相的_____；(3) 萃取剂的_____。

4. 工业生产中，最常见的是在萃取相和萃余相都含有_____个组分，通常采用_____形相图表示其相平衡关系。

5. 相图中，溶解度曲线上的点为所有_____相的组成点，将相图分成_____区和_____区两个区。

6. 临界混溶点将溶解度曲线分为_____相和_____相两部分。

7. 在一定温度条件下，溶质 A 在_____相中的浓度与在_____相中浓度之比，称为分配系数。

8. 利用辅助曲线可求出任一平衡液相的_____相。

9. 根据杠杆规则，可利用相图计算萃取、萃余两相和两液相的_____和_____。

10. 萃取设备应有的主要性能是为两液相提供充分_____与充分_____的条件，生产上大多采用各种类型的_____进行萃取操作。

二、选择题（每小题 4 分，共 12 分）

1. 萃取剂（　　）。

A. 对原溶液中被萃取的溶质有显著的溶解能力，对稀释剂则不溶

B. 在操作条件下必须使萃取相和萃余相保持一定的密度差

C. 界面张力要小

D. 黏度大对萃取有利

2. 能获得含溶质浓度很少的萃余相但得不到含溶质浓度很高的萃取相是（　　）。

A. 单级萃取流程　　　　　　　　　　B. 多级错流萃取流程

C. 多级逆流萃取流程　　　　　　　　D. 多级错流或逆流萃取流程

3. 下列说法正确的是（　　）。

A. 三角形相图中的任一点均代表某三元混合物的组成

B. 相图中的三角形是萃取过程的可操作范围

C. 同一物系中联结线的斜率可以从正到负

D. 临界混溶点必在溶解度曲线的最高点上

三、计算题（共 40 分）

1. 在 25℃时，乙酸（A）-庚醇-3（B）-水（S）的平衡数据及联结线数据分别列于表 9-3、表 9-4。

表 9-3　溶解度曲线数据（质量分数）

乙酸(A)	3-庚醇(B)	水(S)	乙酸(A)	3-庚醇(B)	水(S)
0	0.964	0.036	0.485	0.128	0.387
0.035	0.930	0.035	0.475	0.075	0.450
0.086	0.872	0.042	0.427	0.037	0.536
0.193	0.743	0.064	0.367	0.019	0.614
0.244	0.675	0.079	0.292	0.011	0.696
0.307	0.585	0.107	0.245	0.009	0.746
0.414	0.393	0.193	0.196	0.007	0.797
0.458	0.267	0.275	0.149	0.006	0.845
0.465	0.241	0.294	0.071	0.005	0.924
0.475	0.204	0.321	0	0.004	0.996

表 9-4　联结线数据（A 的质量分数）

水　层	庚醇层	水　层	庚醇层
0.064	0.053	0.382	0.268
0.137	0.106	0.421	0.305
0.198	0.148	0.441	0.326
0.267	0.192	0.481	0.379
0.336	0.237	0.476	0.449

试在直角三角形坐标图上标绘溶解度曲线、联结线以及辅助曲线。（共 14 分）

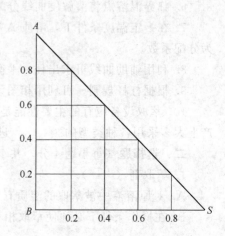

2. 由 50kg 乙酸、50kg 3-庚醇和 100kg 水组成的混合液，经充分混合而静置分成两个互成平衡的液层后，求：(1) 平衡的两液相组成和量；(2) 上述两液层中溶质 A 的分配系数。操作条件下平衡数据见题 1。(共 12 分)

3. 在单级萃取装置中，用纯水萃取含乙酸 30％（质量分数，下同）的乙酸-3-庚醇混合液 1000kg，要求萃余相中乙酸的组成不大于 10％，操作条件下的平衡数据见题 1。试求：
(1) 水的用量为多少千克？
(2) 萃取相和萃余相的量及组成；
(3) 萃取液的量及组成。(共 14 分)

第十章 制 冷

第一节 概 述

知 识 要 点

一、制冷概念

制冷（冷冻）是指用人为的方法将物料的温度降到低于周围介质温度的单元操作。

二、制冷方法

冰融化法；冰盐水法；干冰法；液体汽化法；气体绝热膨胀法（节流膨胀法）的方法及其应用。

三、制冷的分类

（1）按制冷过程分　蒸气压缩式制冷；吸收式制冷；蒸气喷射式制冷。

（2）按制冷程度分类　普通制冷；深度制冷。

习 题

一、填空题

1. 制冷是指用_____的方法，将物料的温度降低到低于_____温度的单元操作。

2. 制冷的方法有：(1)_____法；(2)_____法；(3)_____法；(4)_____法；(5)_____法。

3. 按制冷过程分类，可分为_____式、_____式、_____式制冷；按制冷程度分类，可分为_____制冷、_____制冷。

二、选择题

1. 制冷方法中，主要用于实验室的是（　　），主要用于气体的液化和分离工业的是（　　）。

A. 冰盐水法　　　　B. 干冰法　　　　C. 液体汽化法　　　　D. 气体绝热膨胀法

2. 目前应用得最多的是（　　）制冷。

A. 蒸气压缩式　　　　B. 吸收式　　　　C. 蒸气喷射式

第二节 制冷基本原理

知 识 要 点

一、压缩蒸气制冷循环

1. 制冷原理

制冷是利用制冷剂的沸点随压力变化的特性，使制冷剂在低压下汽化吸收被冷物的热量使其温度低于周围环境的温度，汽化后的制冷剂又在高压下将热量传给周围的环境被冷凝成液态。如此循环操作，达到制冷的目的。

2. 压缩蒸气制冷循环

理想制冷循环（卡诺循环）过程：由可逆绝热压缩过程（压缩机）、等压冷凝过程（冷凝器）、可逆绝热膨胀过程（膨胀机）、等压等温蒸发过程（蒸发器）所组成。

实际循环过程（以氨作制冷剂为例）：

(1) 在压缩机中绝热压缩　气态氨以温度为 T_1、压力为 p_1 的干饱和蒸气进入压缩机压缩后，温度升至 T_2，压力升至 p_2，变成过热蒸气。

(2) 等压冷却与冷凝　过热蒸气通过冷凝器被常温水冷却，放出热量 Q_2，气态氨冷凝为液态氨，温度为 T_3。

(3) 节流膨胀　液态氨再通过节流阀（膨胀阀），减压降温使部分液氨汽化成为气、液混合物，温度下降为 T_1，压力下降为 p_1。

(4) 等压等温蒸发　膨胀后的气、液混合物进入蒸发器，从被冷物质（冷冻盐水）中取出热量 Q_1，全部变成干饱和蒸气，回到循环开始时的状态，又开始下一轮循环过程。

二、制冷系数

(1) 概念　是制冷剂自被冷物料所取出的热量与所消耗的外功之比，以 ε 表示。

(2) 计算公式

$$\varepsilon = Q_1/N = Q_1/(Q_2 - Q_1) \tag{10-1}$$

(3) 意义　表示每消耗单位功所制取的热量。其值越大，表明外加机械功被利用的程度越高，制冷循环的效率越高。

(4) 理想循环过程的计算式

$$\varepsilon = T_1/(T_2 - T_1) \tag{10-2}$$

三、操作温度的选择

制冷装置在操作运行中重要的控制点：蒸发温度和压力、冷凝温度和压力、压缩机的进出口温度、过冷温度及冷却温度。

1. 蒸发温度

(1) 概念　是指制冷剂在蒸发器中的沸腾温度。

(2) 基本要求　必须低于被冷物料要求达到的最低温度，以保证传热所需的推动力（一般差 4～8K）。

(3) 对操作的影响　蒸发温度高，蒸发器中的传热温度差小，要保证一定的吸热量，必须加大蒸发器的传热面积，增加设备费用；但功率消耗下降，制冷系数提高，日常操作费用减少。反之则相反。

(4) 调节方法　通过节流阀开度的大小。

2. 冷凝温度

(1) 概念　是指制冷剂蒸气在冷凝器中的凝结温度。

(2) 影响因素　主要受冷却水温度的限制，其次为冷却水流量、冷凝器传热面积大小及清洁度。

(3) 基本要求　必须高于冷却水温度，以保证热量传递（一般差 8～10K）。

3. 操作温度与压缩比的关系

① 冷凝温度一定，蒸发温度降低，压缩比增大，功率消耗先增大后下降，制冷系数变小，操作费用增加。

② 蒸发温度一定，冷凝温度升高，压缩比增大，功率消耗增大，制冷系数变小。

四、制冷剂的过冷

（1）概念　就是在进入节流阀前将液态制冷剂温度降低到低于冷凝压力下所对应的饱和温度，成为该压力下的过冷液体。

（2）工业上常采用实现制冷剂过冷的措施　在冷凝器中过冷；用过冷器过冷；用直接蒸发的过冷器过冷；回热器中过冷；在中间冷却器中过冷。

例 题 解 析

【例 10-1】 在蒸发温度一定、冷却水的温度和流量一定的情况下升高冷凝温度，将（　　）。

A．增大制冷循环效率　　　　　　B．减小蒸发器的面积
C．减小冷凝器的面积　　　　　　D．减小压缩机的功率消耗

分析　对制冷循环的效率可通过制冷系数的大小来判断，虽然实际制冷系数与理想循环制冷系数的计算公式不同，但蒸发温度 T_1 与冷凝温度 T_2 对其的影响仍可通过理想循环的制冷系数来判断。根据 $\varepsilon = T_1/(T_2 - T_1)$，升高冷凝温度，$\varepsilon$ 减少，制冷循环的效率下降。

在冷却水的温度和流量不变情况下，升高冷凝温度，提高了传热温度差，可减少冷凝器的传热面积。蒸发器的传热温度差与蒸发温度有关而与冷凝温度无关。

压缩机的功率消耗主要取决于其压缩比。蒸发温度 T_1 一定即压缩机的进口压强 p_1 不变，冷凝温度升高，在冷却水的温度与流量不变的情况下，压缩机的出口压力 p_2 也随之提高，则压缩机的压缩比 p_2/p_1 加大，消耗功率也增大。

答　C。

习　题

一、填空题

1．制冷是利用制冷剂的沸点随＿＿＿＿＿＿＿变化的特性，使制冷剂在＿＿＿＿＿＿＿压下＿＿＿＿＿＿＿吸收被冷物质的热量降低其温度达到被冷物质制冷的目的。之后，制冷剂又在＿＿＿＿＿＿＿压下＿＿＿＿＿＿＿成＿＿＿＿＿＿＿态，如此循环操作。

2．实际制冷循环过程：制冷剂（1）在＿＿＿＿＿＿＿机中可逆＿＿＿＿＿＿＿；（2）通过＿＿＿＿＿＿＿器等压＿＿＿＿＿＿＿与＿＿＿＿＿＿＿；（3）通过＿＿＿＿＿＿＿阀＿＿＿＿＿＿＿；（4）在＿＿＿＿＿＿＿器中＿＿＿＿＿＿＿。

3．制冷循环过程的实质是由＿＿＿＿＿＿＿做功，通过＿＿＿＿＿＿＿从＿＿＿＿＿＿＿（低、高）温热源取出热量，送到＿＿＿＿＿＿＿温热源。

4．制冷系数是制冷剂＿＿＿＿＿＿＿的热量与＿＿＿＿＿＿＿之比。

5．制冷装置在操作运行中重要控制点有：＿＿＿＿＿＿＿温度和压力、＿＿＿＿＿＿＿温度和压力、＿＿＿＿＿＿＿的进出口温度、＿＿＿＿＿＿＿温度及＿＿＿＿＿＿＿温度。

二、选择题

1．下列说法错误的是（　　）。

A．要从低温热源取出热量传到高温热源必须从外界补充能量
B．理论制冷系数只与制冷剂的蒸发温度和冷凝温度有关
C．蒸发温度越高，制冷循环的效率也越高
D．实际制冷系数小于理论制冷系数

2．①蒸发温度　②冷凝温度　③被冷物料达到的最低温度　④冷却水的进口温度中由低到

高的顺序排列正确的是（　　）。

A. ③②④① B. ④③②① C. ①④③② D. ①③④②

3. 冷凝温度一定，蒸发温度升高（　　）。

A. 蒸发器中传热温度差增大　　　　B. 制冷系数减少

C. 压缩比增大　　　　　　　　　　D. 日常操作费用减少

第三节　制 冷 能 力

知 识 要 点

一、制冷能力的表示

制冷能力概念：制冷能力（制冷量）是制冷剂在单位时间内从被冷物料中取出的热量，表示一套制冷循环装置的制冷效应，用符号 Q_1 表示，单位是 W 或 kW。

1. 单位质量制冷剂的制冷能力

（1）概念　是每千克制冷剂经过蒸发器时，从被冷物料中取出的热量，用符号 Q_W 表示，单位为 J/kg。

（2）计算式

$$Q_W = Q_1/G = I_1 - I_4 \tag{10-3}$$

2. 单位体积制冷剂的制冷能力

（1）概念　是指每立方米进入压缩机的制冷蒸气从被冷物料中取出的热量，用符号 Q_V 表示，单位为 J/m³。

（2）计算式

$$Q_V = Q_1/V = \rho Q_W \tag{10-4}$$

二、标准制冷能力

（1）概念　指在标准操作温度下的制冷能力，用 Q_S 表示，单位为 W。

当进入压缩机的制冷剂为干饱和蒸气时，任何制冷剂的标准操作温度是：蒸发温度 $T_1 = 258K$，冷凝温度 $T_2 = 303K$，过冷温度 $T_3 = 298K$。

（2）与实际制冷能力之间的换算

$$Q_S = Q_1 \lambda_S Q_{VS}/\lambda Q_V \tag{10-5}$$

式中，λ_S、λ 分别为标准、实际冷冻机的送气系数。

（3）提高制冷能力的方法　最有效的是降低制冷剂的冷凝温度，关键在于降低冷却水的温度和加大冷却水的流量，保持冷凝器传热面的清洁。

习　题

一、填空题

1. 制冷剂在单位_____内，从_____中_____的热量，称为制冷能力，用符号_____表示，单位是_____。单位质量制冷剂的制冷能力用符号_____表示，单位为_____；单位体积制冷剂的制冷能力用符号_____表示，单位为_____。

2. 完成下列转化关系：

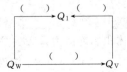

3. 标准制冷能力指在标准操作温度下的制冷能力，用符号_____表示，单位为_____。当进入压缩机的制冷剂为干饱和蒸气时，制冷剂的标准操作温度是：蒸发温度 $T_1=$ _____K，冷凝温度 $T_2=$ _____K，过冷温度 $T_3=$ _____K。

二、选择题

1. 冷冻机铭牌上标明的是（　　）冷冻能力。
   A. 单位质量制冷剂　　B. 单位体积制冷剂　　C. 标准　　D. 实际
2. 下列不为制冷能力的是（　　）。
   A. 压缩机的理论功率与理论制冷系数之积
   B. 单位质量制冷剂的冷冻能力与质量流量之积
   C. 蒸发器的传热速率
   D. 冷凝器的传热速率

第四节　制冷剂与载冷体

知 识 要 点

一、制冷剂

概念：是制冷循环中将热量从低温传向高温的工作介质。

1. 制冷剂应具备的条件

在常温下沸点要低，且低于蒸发温度，这是首要条件；化学性质稳定，在蒸发温度时的汽化潜热尽可能大；在冷凝温度时的饱和蒸气压（冷凝压力）不宜过高；在蒸发温度时的蒸气压强（蒸发压力）不低于大气压；临界温度要高，凝固点要低；黏度和密度应尽可能少；热导率要大；无毒无臭；价格低廉，易于获得。

2. 常用的制冷剂

氨、二氧化碳、氟里昂、碳氢化合物及其优缺点。

二、载冷体

概念：是用来将制冷装置的蒸发器中所产生的冷量传递给被冷却物体的媒介物质或中间介质。

1. 应具备的条件

凝固点比制冷剂的蒸发温度要低，沸点应高于最高操作温度；比热容大，载冷量也大；密度小，黏度小；化学稳定性好；热导率大；来源充足，价格便宜。

2. 常用的载冷体

水、盐水溶液（冷冻盐水）、有机溶液及其优缺点，适用场合。

习 　题

一、填空题

1. 制冷剂是制冷循环中的_____介质，载冷体是将_____中产生的冷量传递给_____的_____物质或_____介质。
2. 常用的制冷剂有：(1)_____；(2)_____；(3)_____；(4)_____化合物。目前应用最广泛的是_____；单位体积制冷能力最大的是_____。
3. 常用的载冷体有：(1)_____；(2)_____溶液；(3)_____溶液。

4. 载冷体应具备的条件：(1) 冰点_____；(2) 比热容_____，载冷量_____；(3) 密度_____，黏度_____；(4) 化学稳定性_____；(5) 热导率_____，来源充足，价格便宜。

二、选择题

1. 具有下列性质的物质不能作制冷剂的是（　　）。
   A. 常压下沸点低于蒸发温度　　B. 蒸发温度时汽化潜热大
   C. 蒸发温度时压力低于大气压　　D. 冷凝温度时压力不太高
2. 氟里昂的缺点是（　　）。
   A. 有毒有味　　　　　　　　　　B. 有爆炸危险
   C. 对金属有腐蚀作用　　　　　　D. 对臭氧层有破坏作用
3. 冰冻盐水（　　）。
   A. 是被冷冻的物料　　　　　　　B. 浓度越大，冻结温度越高
   C. 冻结温度可等于制冷剂的蒸发温度　　D. 使用时常在其中加入少量缓蚀剂

第五节　压缩蒸气制冷设备

知 识 要 点

一、压缩机

(1) 作用　是制冷系统的心脏，起着吸入、压缩、输送制冷蒸气的作用，常又称为冷冻机。

(2) 形式　往复式、离心式及其工作原理和优缺点。

二、冷凝器

(1) 作用　将压缩机排出的高温制冷剂蒸气冷凝成为冷凝压力下的饱和液体，把热量传给周围介质。是一个热交换设备。

(2) 分类、类型　壳管式冷凝器、套管式冷凝器、蛇管式冷凝器的构造，制冷剂的冷凝过程，优缺点，应用。

三、节流阀（膨胀阀）

(1) 作用　使来自冷凝器的液态制冷剂产生节流效应，以达到减压降温的目的；还有调节制冷剂循环量和调节蒸发器内温度高低的作用。

(2) 多种型式

习 题

填空题

1. 压缩蒸气制冷装置主要由_____机、_____器、_____阀和_____器等组成。此外还包括_____分离器和_____分离器等辅助设备以及用来控制与计量的仪表等。
2. 压缩机是制冷循环系统的_____，起着_____、_____、_____制冷剂蒸气的作用，通常又称为_____机，目前在工业上采用的有_____式和_____式两种。
3. 冷凝器按冷却介质分为_____冷凝器和_____冷凝器；按结构型式分为_____管式、_____管式、_____管式等冷凝器。目前主要用于大、中型氨制冷系统的是_____式。
4. 膨胀阀又称_____阀，其作用是使来自_____器的_____态制冷剂产生_____

效应，以达到_____的目的。此外还有调节制冷剂_____和调节的作用。

综合练习题

一、填空题（每空 2 分，共 76 分）

1. 制冷（冷冻）是指用_____的方法将物料的温度降到低于_____温度的单元操作。

2. 制冷操作是从_____温物料取出热量并将其传给_____温物体的过程，根据热力学第二定律，只有从_____补充消耗的能量才能进行。

3. 制冷循环是利用制冷剂在_____压吸热、_____压放热，使被冷物温度_____的循环操作过程。

4. 理想制冷循环由可逆绝热_____，等压_____，可逆绝热_____，等温等压_____等过程组成。_____是吸热过程，_____是放热过程。

5. 对理想制冷循环来说，制冷系数只与制冷剂的_____温度和_____温度有关；_____温度等于制冷剂进入压缩机的温度，_____温度为制冷剂离开压缩机后压力下的饱和温度，_____温度低于_____温度，二者相差越_____，制冷系数越大。

6. 制冷剂的过冷就是在进入_____前将液态制冷剂温度降到低于_____压力下所对应的饱和温度，成为该压力下的过冷液体。

7. 在制冷循环中，当 1m³ 氨气的制冷能力为 1500kJ，流量为 460m³/h 时，该冷冻机的冷冻能力为_____。

8. 一般出厂的冷冻机所标的制冷能力是在蒸发温度 $T_1 =$ _____ K，冷凝温度 $T_2 =$ _____ K，过冷温度 $T_3 =$ _____ K 时的制冷能力。

9. 制冷剂是制冷循环中的_____介质，载冷体是在制冷装置中的_____与_____之间传递冷量的中间介质。

10. 压缩机是制冷循环系统中的心脏，起着_____、_____、_____制冷蒸气的作用。

11. 在冷凝器中的热流体是_____，在蒸发器中放出热量的是_____。

12. 节流阀的作用是使制冷剂_____压、_____温，以及直接控制制冷系统中制冷剂的_____。

二、选择题（每小题 4 分，共 24 分）

1. 制冷方法中，主要用于气体的液化和分离工业的是（   ）。
   A. 冰盐水法   B. 干冰法   C. 液体汽化法   D. 气体绝热膨胀法

2. 能提高实际制冷系数的是（   ）。
   A. 冷却水温度升高   B. 载冷体吸收了外界的热量
   C. 提高压缩机的效率   D. 降低制冷剂的蒸发温度

3. 能降低压缩机压缩比的是（   ）。
   A. 降低蒸发温度   B. 升高冷凝温度   C. 制冷剂的过冷   D. 减少送气系数

4. 不能提高制冷能力的是（   ）。
   A. 提高送气系数   B. 增大制冷剂的循环量
   C. 升高冷凝温度   D. 使用单位体积制冷能力大的制冷剂

5. 目前应用最广的制冷剂是（　　）。

A. 氨　　　　　　　B. 二氧化碳　　　　C. 氟里昂　　　　　D. 碳氢化合物

6. 具下列性质的物体不宜作载冷体的是（　　）。

A. 凝固点低于制冷剂的蒸发温度　　　　B. 比热容大

C. 密度大　　　　　　　　　　　　　　D. 热导率大

自测题（A卷）

一、填空题（每空1分，共39分）

1. 液体与气体的不同之处在于两者的_____性及因此而带来的其他不同。
2. 若测压仪表测得设备两处的压力分别为20mmHg（真空度）和750mmHg（表压），则两处的压力差为_____kPa。
3. 某流体从内径为100mm的钢管流入80mm的钢管，若在大管内的流速为2m/s，则在小管内的流速为_____m/s。
4. 如图测-1所示，用压缩空气将密度为1840kg/m³的浓硫酸送往高位槽，压缩空气的表压为100kPa，压头损失为0.5m酸柱。则酸出口比贮槽液面高_____m。（g取10m/s²）

图测-1

5. 水在φ25mm×2mm的直管内流动，流速为1.5m/s，则Re=_____；此时水的流动类型为_____流。（μ=1.005mPa·s，ρ=1000kg/m³）
6. 离心泵的主要构件有_____、_____、_____和_____，有些还有_____。
7. 离心泵停车时要先关_____（电机、出口阀），后再关_____。
8. 旋转泵具有流量_____，扬程_____的特点，适用于输送_____（高、低）黏度的液体。
9. 往复压缩机的工作过程分_____阶段、_____阶段、_____阶段和排气阶段。
10. 依据能量转化与守恒定律设计制作的流量计中，_____流量计是利用刻度尺上的读数来确定流量值的。
11. 过滤过程的操作周期主要包括_____、_____、_____、_____等四个步骤，有的还包括组装和甩干（或吸干）等步骤。
12. 在对流传热（给热）过程中，热阻主要集中在_____。
13. 削弱传热的具体办法是在设备或管道表面敷以_____的材料。
14. 工业上精馏装置由_____、_____器和_____器等构成。
15. 目前工业上使用最为广泛的板式塔中，生产能力大，操作弹性大，板效率高的是_____塔。
16. 难溶气体的吸收属于_____膜控制。
17. 吸收塔在操作时的调节手段只能是改变_____的入口条件，但该条件将受到_____操作的制约。
18. 目前工业生产中使用的吸收设备除板式塔外，还有_____塔、_____塔和吸收器等。
19. 常用的制冷设备有_____、_____、_____和_____等。

二、选择题（每一小题2分，共40分）

1. 下列叙述错误的是（　　）。

A. 化工单元操作是化工产品生产中的基本物理过程

B. 化工单元操作中利用公式计算时，只要统一采用同一单位制下的单位就可以了

C. 一般流体的密度随温度的升高而减少，随压力的增大而增大

D. 流体混合物的密度通常用实验测定，但也可采用近似计算公式计算

2. 柏努利方程是流体作稳定流动时的（   ）衡算式。

  A. 物料   B. 总能量   C. 机械能   D. 热量

3. 有关管路标准化的叙述正确的是（   ）。

  A. 公称压力为实际工作时的最大压力

  B. 公称直径即指外径

  C. 管子的规格都是用"ϕ 外径（mm）×壁厚（mm）"来表示的

  D. 公称压力与公称直径是选择管子和管路附件的依据

4. 离心泵与往复泵的相同之处在于（   ）。

  A. 工作原理   B. 流量的调节方法

  C. 安装高度的限制   D. 流量与扬程的关系

5. 关于沉降的叙述错误的是（   ）。

  A. 恒速沉降速度称为颗粒的沉降速度

  B. 计算沉降速度时必须用试差法

  C. 其他条件相同，颗粒含量越多，沉降速度越快

  D. 离心沉降速度远远大于重力沉降速度

6. 下列过滤设备为间歇操作的是（   ）。

  A. 板框压滤机   B. 转筒真空过滤机

  C. 卧式刮刀卸料离心机   D. 活塞往复卸料离心机

7. 热导率最少的是（   ）。

  A. 金属固体 B. 非金属固体 C. 液体   D. 气体

8. 用焓差法计算传热量（   ）。

  A. 不适用于流体仅有相变的情况   B. 不适用于流体仅有温度变化的情况

  C. 仅适用于流体既有相变又有温度变化的情况 D. 以上均可用

9. 管式换热器中，管间清洗方便管内难清洗的是（   ）。

  A. 固定管板式 B. 浮头式 C. U 形管式 D. 填料函式

10. 在换热器的操作中，不需做的是（   ）。

  A. 投产时，先预热，后加热   B. 定期分析流体的成分，以确定有无内漏

  C. 定期更换两流体的流动途径   D. 定期排放不凝性气体，定期清洗

11. 与塔底相比，精馏塔的塔顶（   ）。

  A. 温度最高   B. 易挥发组分浓度最大

  C. 气、液流量最少   D. 易挥发组分浓度最大，且气、液流量最少

12. 最小回流比时，（   ）交于一点。

  A. 精馏段操作线与平衡线   B. 两操作线

  C. q 线与两操作线   D. q 线、精馏段操作线与平衡线

13. 在精馏塔的操作中错误的是（   ）。

  A. 先打开塔顶冷凝器的冷却水，再往再沸器内通加热蒸汽

B. 先全回流，再调节回流比

C. 通过控制温度、压力、进料量和回流比来实现对气、液负荷的控制

D. 停车时先停再沸器，再停进料和产品产出

14. 气、液相平衡关系对吸收操作无意义的是（　　）。

　　A. 确定适宜的操作条件　　　　　　　　B. 判明过程进行的方向和限度

　　C. 确定过程的推动力　　　　　　　　　D. 确定液体的喷淋密度

15. 不能增大吸收推动力的是（　　）。

　　A. 选择溶解度大的吸收剂　　　　　　　B. 增大气、液接触面积

　　C. 降低吸收的温度　　　　　　　　　　D. 提高系统压力

16. 关于最少液气比的叙述中错误的是（　　）。

　　A. 是吸收操作线与平衡线相交或相切时的斜率

　　B. 在生产中不可能达到

　　C. 都可以用公式进行计算

　　D. 是选择适宜液气比的依据之一

17. 湿空气（　　）。

　　A. 湿度越少，吸收水分的能力越强

　　B. 比热容为将1kg湿空气的温度提高1K所需的热量

　　C. 干球温度一定高于湿球温度

　　D. 温度降到露点以下便会析出水分

18. 在一定条件下不能除去的水分是（　　）。

　　A. 平衡水分　　　　B. 自由水分　　　　C. 结合水分　　　　D. 非结合水分

19. 蒸发温度和冷凝温度不变，使制冷剂过冷能（　　）。

　　A. 减少操作费用　　　　　　　　　　　B. 减少压缩比

　　C. 增大制冷系数　　　　　　　　　　　D. 提高制冷能力

20. 不符合制冷剂必备条件的是（　　）。

　　A. 常压下沸点低于蒸发温度　　　　　　B. 蒸发温度时汽化潜热尽可能大

　　C. 冷凝时饱和蒸气压尽量高　　　　　　D. 临界温度高，凝固点要低

三、计算题（共21分）

1. 降尘室总高为4m，宽为2m，长为4.5m，内有39块隔板，间距为0.1m，气体处理量为1500m³/h。已知气体的黏度为1.8×10^{-5}Pa·s，密度为1.2kg/m³，固体粒子的密度为3500kg/m³。求能除去的尘粒的最小直径。（6分）

2. 某换热器用 120kPa 的饱和水蒸气加热苯，苯走壳程，其流量为 6m³/h，从 293K 加热到 343K。若设备的热损失估计为 Q_c 的 5%，试求热负荷及蒸汽用量。[已查得 $c_{p苯}$ = 1.756kJ/ (kg·K)，$\rho_{苯}$ = 840kg/m³，$r_{汽}$ = 2246.8kJ/kg]。（3分）

3. 今处理苯和甲苯的混合液，原料组成为 x_F = 0.4，馏出液组成 x_D = 0.95，残液组成 x_W = 0.05（均为摩尔分数），取操作回流比为 3，相对挥发度的平均值为 2.5，泡点进料。试求理论塔板数（要求写出求取过程）。（7分）

4. 某干燥器处理湿物料为 1200kg/h，湿、干物料中湿基含水量分别为 60% 和 10%。求汽化水分量。（5分）

自测题（B卷）

一、填空题（每空1分，共36分）

1. 密度为 960kg/m³ 的料液送入某精馏塔，要求进料量为 8000kg/h，取进料速度为 1.5m/s，则进料管的内径为_____m。

2. 如图测-2，A、B 两流体互不相溶，图中_____两点的压力可能相等。

3. 用 $\rho=13546$kg/m³ 的汞作指示液用 U 形管压差计测量某密闭容器中气体的压力，量得 U 形管压差计中与容器连通一端指示液的液面比与大气相通一端的液面高 20cm，则容器内气体的压力为_____kPa_____（表压，真空度）（g 取 10m/s²）。

图测-2

4. 某流体在一定的直管内流动，若流速增大一倍，忽略摩擦系数的变化，则阻力为原来的_____倍。

5. 化工管路的安装包括化工管路的_____、_____、_____、_____、_____。

6. 离心泵的轴封装置中，_____密封价格低，_____密封效果好。

7. 往复泵的主要构件有_____、_____、_____及若干个_____。

8. 旋涡泵是依靠_____力对液体做功，流量用_____调节。

9. 将离心泵的转速增大一倍，直径减少一半，离心因数为原来的_____。

10. 评价旋风分离器的主要指标是_____和_____。

11. 影响过滤速率的因素有_____的性质、过滤_____、_____与_____的性质。

12. 在板框压滤机中，上、下端各有一个暗孔的是_____。

13. 热传导不仅发生在固体中，也发生在_____流体或_____流体中。

14. 列管换热器中应取走_____程的流体的传热量作为热负荷。

15. 其他条件不变，进料组成下降，引起塔顶产品组成_____，塔底残液组成_____（均指易挥发组分）。要保持塔顶产品的组成，必须_____（增大、减少）回流比。

16. 工业上解吸的方法主要有_____解吸，_____解吸，在_____中解吸和采用_____方法。

二、选择题（每一小题2分，共38分）

1. 流体的（　　）与其黏性无关。
   A. 流动状况　　B. 对流传热　　C. 热传导　　D. 气体吸收

2. 流体作稳定流动时（　　）既不随位置变也不随时间变。
   A. 流速　　B. 体积流量　　C. 质量流量　　D. 密度

3. 关于离心泵的叙述正确的是（　　）。
   A. 凡利用离心力对液体做功的机械都叫离心泵
   B. 在离心泵的排液过程中，伴随着动能向静压能的转化

C. 离心清水泵、耐腐蚀泵、油泵的基本构造不同

D. "气缚"和汽蚀现象不同，产生原因基本相同

4. 下列设备中，除尘效率最高的是（　　）。
   A. 降尘室　　　　B. 袋滤器　　　　C. 旋风分离器　　　D. 静电除尘器

5. 热导率一般随温度的升高而升高的是（　　）。
   A. 金属固体　　　B. 非金属液体　　C. 金属液体　　　　D. 气体

6. 随壁面内传热距离的变化，平壁和圆筒壁传热中相同的是（　　）。
   A. 导热速率　　　B. 热导率的变化　C. 温度差的变化　　D. 导热面积的变化

7. 热负荷是（　　）。
   A. 热流体的传热量　　　　　　　　B. 冷流体的传热量
   C. 冷、热流体交换的热量　　　　　D. 换热器的换热能力

8. 下列强化传热的措施中最有效的是（　　）。
   A. 增大换热器的尺寸以增大传热面积　B. 增大加热蒸汽的压力
   C. 降低冷却水的温度　　　　　　　　D. 当 $\alpha_i \gg \alpha_o$ 时，提高管外侧的对流传热系数

9. 下列换热器中，单位体积的传热面积最大的是（　　）。
   A. 列管式　　　　B. 套管式　　　　C. 蛇管式　　　　D. 翅片管式

10. 关于精馏塔中理论板的叙述错误的是（　　）。
    A. 实际上不存在理论板
    B. 仅作为衡量实际塔板效率的一个标准
    C. 其层数比实际塔板数多
    D. 确定其层数的主要依据是相平衡关系和操作线关系

11. q 线斜率小于零的是（　　）。
    A. 过冷液体　　　B. 饱和液体　　　C. 气液混合物　　　D. 饱和蒸气

12. 板式塔操作时，因气速增大，某些液滴被带到上一层塔板的现象称为（　　）。
    A. 漏液　　　　　B. 泡沫夹带　　　C. 气泡夹带　　　　D. 液泛

13. 关于气液相平衡关系的叙述错误的是（　　）。
    A. 相平衡关系即溶质在溶液中的浓度和在气相中的平衡分压（或浓度）的关系
    B. 关系式中，气相的组成可用平衡分压、摩尔分数或摩尔比等来表示
    C. 坐标图中吸收平衡线为曲线，仅对极稀溶液而言是近似直线
    D. 亨利系数 E 与相平衡常数 m 之间没有定量关系

14. 下列说法正确的是（　　）。
    A. 气相吸收总系数的倒数为气膜阻力
    B. 难溶气体的吸收速率主要受气膜控制
    C. 减少起控制作用的阻力能有效地提高吸收速率
    D. 对溶解度中等的气体，减少气膜或液膜厚度均能有效地提高吸收速率

15. 利用组分溶解度不同分离混合物的单元操作是（　　）。
    A. 沉降　　　　　B. 过滤　　　　　C. 精馏　　　　　　D. 吸收

16. 干燥过程得以进行的必要条件是（　　）。
    A. 湿空气的温度高于湿物料的温度
    B. 空气与湿物料在干燥器内逆流接触

C. 物料表面产生的水汽分压大于空气中所含的水汽分压

D. 必须用绝干空气

17. 在降速干燥阶段对干燥速率影响很小的是（　　）。

A. 物料的化学组成　　　　　　　B. 物料的物理结构、形状和大小

C. 干燥介质的温度　　　　　　　D. 干燥介质的流速和流向

18. 冷凝温度、被冷物料的量和被冷却的温度一定，提高蒸发温度（　　）。

A. 蒸发器的传热面积减少　　　　B. 降低了制冷循环的效率

C. 压缩机的压缩比减少　　　　　D. 减少日常操作费用

19. 节流阀不能起到的作用是（　　）。

A. 使液态制冷剂减压降温　　　　B. 调节制冷剂的循环量

C. 控制冷凝温度　　　　　　　　D. 控制蒸发温度

三、计算题（共26分）

1. 用内径100mm的钢管从江中取水送入蓄水池，水由池底进入。池中水面高出江面25m，管路总的压头损失为5m，水在管内的流速为1.4m/s。试判定库中型号为IS80-65-160的水泵能否满足要求。若能满足，求安装高度。（当地大气压为100kPa，最高气温下水的饱和蒸气压为4.2kPa，设吸入管路的压头损失为1m。）（6分）

IS80-65-160型泵的主要性能参数：$q_V = 50\text{m}^3/\text{h}$，$H = 32\text{m}$，$\Delta h = 2.5\text{m}$。

2. 锅炉钢板壁厚20mm，其热导率$\lambda_1 = 46.5\text{W}/(\text{m} \cdot \text{K})$。积在锅炉内壁水垢的热阻为$0.0005\text{m}^2 \cdot \text{K}/\text{W}$。已知锅炉钢板外表面温度$t_1 = 523\text{K}$，水垢内表面温度$t_3 = 485\text{K}$。求锅炉每平方米表面积的传热速率，并求钢板与水垢接触面的温度t_2。（3分）

3. 某连续精馏塔处理料液 80kmol/h，料液中含易挥发组分 40%，馏出液和残液中易挥发组分含量分别为 95% 和 3%（均为摩尔分数）。
 (1) 求每小时所得产品及残液量；
 (2) 若所用回流比为 3，泡点进料，求精馏段操作线方程及提馏段操作线方程。(5 分)

4. 一填料吸收塔用来从空气和丙酮蒸气组成的混合物中回收丙酮，用水作吸收剂。已知混合气中丙酮的体积分数为 6%，所处理的混合气量为 1500m³/h，操作在 101.3kPa 和 293K 下进行。要求丙酮的回收率达 98%，操作条件下平衡关系为 $Y^* = 2.5X$。若取吸收剂用量为最小用量的 1.2 倍，求吸收剂用量 L 及吸收液含量 X_1。(6 分)

5. 101.3kPa 下将 100m³ 相对湿度为 80% 的空气由 25℃ 冷却至 5℃，能从空气中除去多少水分？冷却后空气的湿容积为多少？（25℃ 和 5℃ 水的饱和蒸气压分别为 3.168kPa 和 0.873kPa）(6 分)

部分习题答案

绪 论

三、计算题

1. 68.67Pa。
2. 0.286kg。

第一章 流体输送
第二节 流体的物理性质

三、计算题

1. 4020kg。
2. 871.8kg/m³。
3. 7.023kg/m³。
4. 1.327kg/m³。
5. 76kPa。
6. （1）26088Pa，490344Pa；（2）464256Pa。

第三节 流体流动基本知识

三、计算题

1. 56.52m³/h，15.67kg/s。
2. 35mm。
3. 0.476kg/s，16m/s。
4. 92.3mm。
5. 4.334m。
6. 2.80m/s，87.8kg/s。
7. 4.774kW。
8. 66.4kPa。
9. 164.7kPa，223.5kPa。
10. 6.01（需7根）。
11. 0.2m/s。

第五节 流体输送设备

三、计算题

1. $H=26.75$m，$q_V=26$m³/h，$P_e=1.892$kW，$P=3.072$kW，$\eta=0.62$。
2. $q_V=18$m³/h，$H=23.59$m，能满足；$H_g=-4.1$m。

3. (1) $q_V = 40\text{m}^3/\text{h}$，$H = 9.7\text{m}$；选 IS80-65-125 型号泵，$P = 1.382\text{kW} < 3.63\text{kW}$；(2) 不应高于 4.3m。

综合练习题

三、计算题

1. 12.78kg/m^3。

2. 17mm。

3. 1.548kW。

4. （1）$14.2\text{m} > 2.4\text{m}$，能保证泵的正常操作；（2）$-2.16\text{m} < 2.4\text{m}$，不能保持泵的正常操作。

5. $q_V = 15\text{m}^3/\text{h}$，$H = 30.3\text{m}$，选 65Y-60B 型泵；$H_g = -0.74\text{m}$。

第二章 非均相物系的分离
第二节 沉 降

三、计算题

1. （1）0.2904m/s；（2）0.3385m/s；先除尘后预热为好。

2. 16.0m/s。

3. （1）94μm；（2）4.5m³/s。

4. 34.5m。

5. 0.555m³/s，1010Pa。

综合练习题

三、计算题

1. （1）7.5×10^{-5}m/s；（2）0.0079m/s；（3）0.0040m/s。

2. 7.3μm，30 层。

3. 720。

4. （1）7.27μm；（2）1194Pa。

第三章 传 热
第二节 传热的基本方式

三、计算题

1. 93kW。

2. （1）0.055m；（2）785℃。

3. 40.073kW。

4. 44.89W/(m·K)。

5. 3.48 倍。

第三节 间壁传热

四、计算题

1. （1）39.25kW；（2）34.6kW。

2. 2298kg/h。

3. 0.59kg/s,13.34kW。

4. 1081kg/h。

5. $\Delta t_{m,并}=46.3℃$，忽略比热容的变化，两流体出口温度不变，$\Delta t_{m,逆}=53.8℃$。

6. 30.7℃。

7. (1) 422.2℃； (2) 35.5W/(m²·K)。

8. (1) 183.36W/(m²·K)； (2) 338.58W/(m²·K)； (3) 190.34W/(m²·K)。

9. 38.7%。

10. 445.5W/(m²·K), 0.97kg/s。

11. 106.7℃。

第四节 换 热 器

三、计算题

1. 4.17m。

2. (1) 2.73m²<3m²，适用； (2) 3.35m²>3m²，不适用。

综合练习题

三、计算题

1. (1) 344.7W/m²； (2) 1134K。

2. 336W/m。

3. (1) 43.5W/(m²·K)； (2) 76.9W/(m²·K)； (3) 43.8W/(m²·K)。

4. (1) 11.86m²<15m²，适用； (2) 0.948kg/s。

第四章 液 体 蒸 馏
第二节 精馏塔的物料衡算

四、计算题

1. (1) 0.05； (2) 19.4kg/kmol。

2. 1000kg/h，丙烯质量分数为0.6。

3. 744.7kg/h，4255.3kg/h，94.3%。

4. 14.4kmol/h，0.95。

5. 602kg/h。

6. $F=788.6$kmol/h，$W=608.6$kmol/h，3.7。

7. $y=0.667x+0.32$，$y=1.62x-0.016$。

8. $x_F=x_d$，说明饱和液体进料，即 $q=1$ 时，q 线斜率为无穷大。

第三节 塔板数的确定

三、计算题

总理论板数10层（包括再沸器），其中精馏段理论板为4层，提馏段6层，第5层理论板为加料板。

第四节 连续精馏的操作分析

三、计算题

1. （1）$q=1.098$，$L=15\text{kmol/s}$，$V=20\text{kmol/s}$，$L'=31.47\text{kmol/s}$，$V'=21.47\text{kmol/s}$；（2）$q=1$，$L=15\text{kmol/s}$，$V=20\text{kmol/s}$，$L'=30\text{kmol/s}$，$V'=20\text{kmol/s}$； （3）$q=0$，$L=15\text{kmol/s}$，$V=20\text{kmol/s}$，$L'=15\text{kmol/s}$，$V'=5\text{kmol/s}$。

2. x_D 增大，x_W 减少，V' 增大。

3. 1.0。

4. （1）共 8 块，不包括塔釜； （2）第 5 块； （3）13 块。

第五节 精馏过程的热量平衡与节能

三、计算题

1. 3340kg/h。

2. （1）塔顶产品量 $D=500\text{kmol/h}$，塔底产品量 $W=500\text{kmol/h}$；不能采出 560kmol/h；采出最大极限是 555.6kmol/h；当采出量为 535kmol/h 时，仍要满足原来产品浓度要求，可采取的措施：

a. R 不变，增大进料量至 $F=1070\text{kmol/h}$ 同时增大加热蒸汽消耗量（加热蒸汽的压力不变，下同）。

b. F 不变，增大 R，同时将进料口位置上移（$x_\text{D}=0.9$ 时，$x_\text{W}=0.04$，故 x_W 减少）。

（2）① 产品浓度变化：x_D 和 x_W 均减少。

② 回流比不变，采出率为 0.4，造成的两个可能的原因中：

a. 增大进料量，同时增大加热蒸汽消耗量。导致产品浓度的变化：x_D 比采出率不变时大，但小于 0.9。

b. 进料量不变，减少加热蒸汽消耗量。导致产品的浓度变化：x_D 比采出率不变时大。

③ 可采取的措施：减少采出率至 0.375。

具体调节方法：

a. F 不变，增大 R 至采出率为 0.375，同时增大加热蒸汽消耗量。

b. 回流比不变（若保持 $D=500\text{kmol/h}$），增大进料量至 1333.3kmol/h，同时增大加热蒸汽消耗量。

（3）发生现象：塔温下降，D 减少，x_D 增大，W 增大，x_W 也增大。

采取措施：减少 F 或减少 R。

具体调节方法：

a. R 不变，减少 F（若可忽略热损失，可减至 $F=800\text{kmol/h}$）。

b. F 不变，减少 R。

综合练习题

三、计算题

1. （1）0.207； （2）23.8kg/kmol。

2. 608.6kmol/h。

3. $y=0.79x+0.202$，$y=1.716x-0.02148$。

4. （1）1.44； （2）共 11 块理论塔板（不包括塔釜），第 6 块为加料板。

5. $q=1.38$，$L=16.05\text{kmol/s}$，$V=21.4\text{kmol/s}$，$L'=32.61\text{kmol/s}$，$V'=25.96\text{kmol/s}$。

第五章 气体吸收

第二节 从溶解相平衡看吸收操作

三、计算题

1. 0.25。

2. $w=0.0196$，$x=0.00559$，$X=0.005625$。

3. 3.11kPa，2.93。

4. $0.0958 < 0.1000$，被吸收。

5. $7.7652\text{kPa} > 5.065\text{kPa}$，被解吸；可采取的措施：①降低温度，②稀释溶液，③减少气体体积情况下增大气相总压（增大 CO_2 分压）。

6. 对稀溶液：$Y^* = 1420X$。

第三节 吸收速率

三、计算题

1. $Y - Y^* = 0.0015$。

2. $2090.4\text{m}^2 \cdot \text{s/kmol}$，$8.3 \times 10^{-6} \text{kmol/(m}^2 \cdot \text{s)}$。

第四节 吸收的物料衡算

三、计算题

1. $y_2 = 0.005524$，5.28kmol/h。

2. 0.909，9.09kmol/h。

3. 0.062。

4. 2046kmol/h，0.00135。

5. 142.4m³/h。

6. 622，0.0000312；62.22，0.000312。

第五节 填料层高度的确定

二、计算题

53895kmol/h，1.33m，2.66m。

综合练习题

三、计算题

1. $x^* = 0.00016$。

2. $0.0154\text{mol/(m}^2 \cdot \text{s)}$，98%。

3. 45.5kmol/h，0.03398。

4. 25.86m³/h。

5. 353.7kmol/h，6.28m。

第六章 固体干燥
第二节 湿空气的性质

四、计算题

1. (1) 4.79kPa； (2) 0.0313kg 水气/kg 干气； (3) 1.090kg/m³。

2. 1.0396kJ/(kg 干气·K)，70.38kJ/kg 干气，58.86%。

3. (1) 3.6883kPa，0.02382kg 水气/kg 干气，101.5kJ/kg 干气，27.08℃； (2) 5.724kW； (3) 506.8m³/h。

4. (1) 62.87℃＜100℃，无水析出； (2) 2.84kg； (3) 10.90kg。

5. (1) 0.764kg/s； (2) 3.985kPa。

第四节 干燥过程的物料衡算

二、计算题

1. 333.3kg/h，1666.7kg/h。

2. $X=0.041$kg（水）/kg（干木炭）＞$X=0.02$kg（水）/kg（干木炭），木炭吸湿；每千克木炭吸收了 0.021kg 水分。

3. (1) 12229kg(干气)/h； (2) 10673m³/h。

综合练习题

三、计算题

1. 0.0732kg（水）/kg（干气），262.6kJ/kg，34.2%，46.95℃。

2. (1) 0.01168kg（水）/kg（干气）； (2) 16.28℃； (3) 0.851m³/kg（干气）； (4) 1.03kJ/(kg 干气·K)； (5) 51.74kJ/kg（干气）； (6) 1.868kPa。

3. 7018kg/h。

4. (1) 0.0714kg/s； (2) 0.18926kg/s，2.65076kg/s； (3) 0.30788m³/s。

第七章 蒸发
第一节 概述

三、计算题

1. (1) 1600kg/h； (2) 0.5。

2. 3.8957kJ/(kg·K)，3.3211kJ/(kg·K)。

3. 7828.5kg/h，1.305。

综合练习题

三、计算题

1. 3730kg/h。

2. (1) 2124.0kg/h，1.33； (2) 15.33m²。

第九章 液-液萃取
第二节 部分互溶物系的相平衡

三、计算题

1. 324kg，0.19，990kg。

2. (1) 627kg； (2) 13.5kg； (3) 187.3kg。

综合练习题

三、计算题

2. (1) 萃余相：0.197，72.5kg；萃取相：0.276，127.5kg； (2) 1.40。

3. (1) 1530kg； (2) 萃取相：12.8%，1677kg；萃余相：10%，853kg； (3) 萃取液：88%，243.6kg。

自测题（A卷）

三、计算题

1. $3.3\mu m$。

2. 129.066kW，0.0574kg/s。

3. 共9块理论塔板（不包括塔釜），第5块为加料板。

4. 666.67kg/h。

自测题（B卷）

三、计算题

1. 30m<32m，39.6m³/h<50m³/h，能满足；H_g=6.3m。

2. 40.856kW/m²，505.4K。

3. (1) 32.2kmol/h，47.8kmol/h； (2) $y=0.75x+0.2375$，$y=1.37x-0.0111$。

4. 172.3kmol/h，0.0212。

5. 1.22kg，0.794m³（湿汽）/kg（干气）。

内 容 提 要

本书与已出版的中等职业教育国家规划教材《化工单元过程及操作》配套。本书紧扣教材，按节给出了知识要点、例题解析和习题，并且每章后有综合练习题，全书有自测题。全书题型包括填空、选择、判断、计算四类。

本书条理清楚，系统性强，重点突出，主次分明，力求全面体现教学目标；结合学生实际，深入浅出，循序渐进，注重知识的相互铺垫。本书可供中等职业学校化学工艺及相关专业使用，也可作化工操作工培训教材。